AF263176

ÉLÉMENS

DE

CHYMIE.

Se. charts 3787.

ÉLÉMENS

DE

CHYMIE,

PAR

HERMAN BOERHAAVE,

Traduit du Latin.

TOME SECOND.

QUI CONTIENT LA PREMIÈRE PARTIE
DU TRAITÉ DU FEU.

A PARIS,

Chez GUILLYN, Quai des Augustins, au
Lys d'Or,

M. DCC. LIV.

Avec Approbation & Privilége du Roi.

RÉFEXIONS

SUR LA NATURE DU FEU.

DE quelqu'utilité que púiſſent être les choſes, ſans en connoître parfaitement la nature, ſans même qu'il ſoit probable qu'elles en euſſent de plus grandes, ſi on pouvoit arriver à un développement parfait, il eſt cependant aſſez naturel que la recherche en devienne intéreſſante, n'y eût-il que la curioſité qui y fût intéreſſée. La queſtion ſur la nature du Feu eſt vraiſemblablement dans ce cas. On jouit de cet élément ſans en connoître la nature. En réſulteroit-il de plus grands avantages ſi elle étoit bien connue ? Cette recherche eſt-elle du nombre des poſſibles ? Les efforts des perſonnes les plus capables, efforts que l'on pourroit preſque regarder comme les derniers de l'eſprit humain, ſemblent perſuader que cette queſtion eſt inſoluble.

Il eſt conſtant qu'on s'eſt accor-

dé, de tems immémorial, à diftinguer le Feu élémentaire du Feu commun & ordinaire, qui fert à nos
ufages. *Sujus* apprit aux Chinois que
le Feu étoit un des cinq élémens dont
les corps étoient compofés. Le Feu
élémentaire eft, felon *Ariftote*, une
matiere extrêmement fubtile & dé-
liée, répandue partout, qui pénetre
tous les corps, dont les parties, toujours en mouvement, donnent le
branle à tous les autres mouvemens,
qui n'a conftament les qualités fenfibles de Feu que dans le Soleil peut-
être & dans les Etoiles, qui ne l'acquiert ailleurs que dans certaines circonftances, & lorfqu'elle trouve des
difpofitions particulieres dans les
mixtes. *Defcartes* paroît croire que
le Feu n'eft que le réfultat du mouvement & de l'arrangement ; que toute
matiere, réduite en matiere fubtile par
le frottement, peut devenir ce corps
de Feu ; & que cette matiere fubtile, qu'il appelle fon premier élément, eft le Feu même. *Newton* imagine que le Feu eft un corps échauffé
à tel point qu'il jette de la lumiere
en abondance ; un fer rouge & brû-

lant n'eſt, ſelon lui, autre choſe que
du Feu. *Boerhaave* le regarde comme un corps qui a été créé tel dès le
commencement, qui ne peut être al-
téré en ſa nature, ni en ſes propriétés, qui ne peut être produit de nouveau par aucun autre corps, & qui
ne peut être changé en aucun autre,
ni ceſſer d'être Feu. Il prétend que
ce Feu eſt également répandu par-
tout, & qu'il exiſte en quantité égale
dans toutes les parties de l'eſpace ;
mais qu'il eſt parfaitement caché &
imperceptible, & ne ſe découvre que
par certains effets qu'il produit, &
qui tombent ſous nos ſens. Ç'a auſſi
été là le ſentiment de *M. Lemery*
(Mémoire de l'Acad. an. 1713).
M. Homberg (ibid. an. 1705.) le
regarde bien comme un corps particulier ; mais il prétend que le principe, ou élément chymique qu'on
appelle *ſoufre*, eſt du feu réel. Voilà
à peu près où on en étoit ſur la nature du Feu, lorſque cette queſtion
s'échauffa davantage, & que différentes Académies ſe propoſerent de l'ap-
profondir plus qu'on avoit fait. Ce
fut alors que *M. de Crouzas* préten-

dit que le Feu étoit un assemblage de parties agitées d'un mouvement très-rapide & très-actif, un liquide composé de parties fort différentes, dont quelques-unes lui appartiennent plus essentiellement. Ces parties sont très-solides, figurées en fuseau, apparemment de grosseurs & de longueurs inégales. Elles ont une force centrifuge. Elles augmentent le poids des corps. On les peut supposer raboteuses dans leur milieu. Dès qu'elles cessent de changer de places, elles sont en repos, & n'en sortiroient jamais, si quelque nouvelle impulsion ne les en tiroit. *Voyez les dissert. de l'Acad. Roy. de Bordeaux.* Le Feu, suivant *M. Euler*, consiste dans un mouvement très-violent des plus petites particules. On ne peut, dit-il, s'en tenir à la lumiere, ni à la chaleur, que que peut produire le Feu pour en déterminer la nature. Un grand nombre d'hypothèses pourroient satisfaire à ces deux phénomènes. Ici il n'en faut qu'une. La propagation du Feu, ou la force qu'a le Feu pour enflammer les corps, m'a paru une propriété assez essentielle pour en développer

la nature. La folution de ce phénomène eft d'autant plus difficile , qu'il
paroît d'abord contraire aux loix de
la nature & du mouvement , le Feu
confiftant dans le mouvement , &
pouvant en produire fans perdre du
fien. Tout confifte donc à déterminer un état de la matiere & une ftructure telle qu'avec la plus petite force
poffible elle puiffe produire les plus
grands effets. Or en fuppofant que
les corps font d'autant plus combuftibles qu'il entre plus dans leur compofition de portions de matiere quelconque qui renferme comme dans
une efpece de veficule une plus grande quantité de matiere fubtile ignée ;
le Feu alors ne devra être que l'explofion de cette matiere comprimée.
D'où il fuit qu'on peut regarder comme forces productrices du Feu , toutes celles qui font propres à faire
éclater ces particules, qui renferment
la matiere ignée fubtile comprimée ;
l'explofion elle-même de ces machi-
nes, produifant le même effet, en fera
éclater d'autres , & ainfi de fuite.
C'eft là ce qui conduit *M. Euler* à
conclure, que toute la force du Feu

doit confister en une matiere propre à s'étendre & à se communiquer ; que quoique la chaleur foit un effet du Feu, puifqu'elle confifte dans un certain mouvement des plus petites particules des corps, elle en differe néanmoins en ce que ce mouvement pour le Feu eft fuivi de l'explofion, & qu'il a lieu dans les corps chauds, fans qu'il fe faffe d'explofion. C'eft-là pourquoi la chaleur ne peut fe communiquer fans fe détruire. Le Feu, continue-t-il, eft toujours accompagné d'une très-grande chaleur. Un corps au contraire peut être très-chaud fans paroître enflammé, quoiqu'il puiffe en enflammer d'autres, & cela parce qu'il n'y a que les corps qui renferment des particules ignées difpofées à la rupture qui puiffent s'enflammer. La flamme, fuivant ces principes, n'eft autre chofe qu'un efpace rempli de la matiere fubtile ignée ; mais comme elle a une figure déterminée, l'éther eft fans doute le milieu qui circonfcrit la flamme, la contient & empêche l'expanfion de la matiere fubtile ignée. Il ne peut cependant la borner affez exactement pour qu'il y ait entre lui & la matiere ignée un équilibre parfait. Cette matiere s'élancera donc par fecouffes; l'éther élaftique fera ébranlé ; les vibrations en tous fens formeront des rayons lumineux, & c'eft-là comme fe forme la lumiere. Ainfi la chaleur, le feu & la lumiere, font des modifications d'un même être. Voilà le précis de la premiere des cinq Differtations fur la nature & la propagation du Feu, renfermées dans le Recueil des Piéces qui ont remporté les prix, au jugement de l'Académie Royale des Sciences. Paffons à la fuivante.

Le *P. Lozeran*, pour développer la nature du Feu, n'entreprend pas de fixer celle des Feux admirables placés dans l'air, ni leur propagation. Quel telefcope affez bon pourroit, dit-il, nous en montrer les petites parties pour en découvrir la forme & le mouvement ? Ce n'eft donc que des Feux fufceptibles de toutes nos Expériences, à ceux que nous pouvons toucher, pour ainfi dire, du bout du doigt, qu'il s'attache pour développer la nature du Feu élémentaire ; mais, continue-t-il, puifque les

Chymistes n'ont pas pu tirer en substance le Feu des mixtes, le Feu n'est
donc pas un élément réel. Voici l'idée
qu'il s'en forme. Le Feu est un mixte
composé de sels volatils ou essentiels,
de soufre, d'air, de matiere éthérée,
communément mêlée d'autres substances hétérogènes, de parties aqueuses,
terrestres, métalliques, & dont les
parties desunies sont dans un grand
mouvement de tourbillon. Tout ceci est appuyé de différentes Expériences, par lesquelles il paroît confirmer que par tout où les substances
dont il a parlé ne se trouveront point,
on n'y verra point de Feu enflammé.
Tout mélange de ces substances n'est
cependant pas Feu ; il ne suffit même pas, pour composer la matiere
du Feu, que ces substances soient
desunies & un peu mêlées ; il faut
encore que le mélange de ces parties
soit bien intime, & que la multitude des parties hétérogènes, qui y
sont mêlées, ne les embarrasse point
trop ; mais ce n'est là que la matiere
immédiate du Feu ; ce n'est qu'un
corps sans ame ; donc c'est un mouvement de tourbillon qui l'anime, qui

fait tournoyer toutes les parties de ces subſtances, chacunes autour de ſon propre centre , & pluſieurs enſemble autour d'un centre commun. Au défaut de la vue , qui ne peut avoir de priſe ſur les parties ignées , en faiſant quelques obſervations, il conclut que les parties de Feu qu'on tire du caillou en battant le fuſil, eſt dans un mouvement de tourbillon , & que par conſéquent les parties de tout autre feu ont ce mouvement. Le feu des petites parties de la flamme eſt dans un mouvement de tourbillon , celui du feu eſt donc auſſi dans un mouvement de tourbillon , car le Feu, à le bien prendre, n'eſt que la flamme. Si on ne veut pas que ce qui répand de la lumiere dans les vers luiſans , dans certains bois pourris qui deviennent lumineux, dans la pierre de Boulogne, ſoit un vrai Feu ; il ne ſera pas ſurprenant qu'il n'y ait point de flamme , quoiqu'ils donnent de la lumiere; parce que la flamme eſt toujours compoſée des ſubſtances ignées dont j'ai parlé, & qu'il n'eſt pas d'ailleurs conſtant que d'autres ſubſtances , par un ſemblable mouvement , ne puiſfent point donner de lumiere ; puif-qu'au contraire il eſt très-apparent que le feu du Soleil, dont la lumiere eſt ſi éclatante, n'eſt pas compoſée des mêmes ſubſtances que nos feux uſuels. Ainſi puiſque les ſubſtances ignées ne donnent point de lumiere, ſi elles ne ſont deſunies & enflammées, ou, ce qui eſt le même, ſi elles n'ont un mouvement de tourbillon ; puiſqu'il n'y a point de feu ſans lumiere ; je conclurai que le Feu eſt une vérita-ble flamme, & que le mouvement des petites parties du Feu, eſt un mou-vement de tourbillon. C'eſt en ſui-vant l'idée que *M. Bouilhet* donne du ferment, qu'il regarde comme un mixte propre à convertir en un fer-ment ſemblable d'autres mixtes ana-logues qu'on lui mêle, que le *P. Lo-zeran* dit qu'on doit regarder le Feu comme un véritable ferment, & la propagation du feu comme une véri-table fermentation. Le feu ſera mê-me un ferment général avec lequel tous les mixtes, ou preſque tous les mixtes, ſont analogues. Tout ſon mouvement vient de la matiere éthé-rée ; mais cette matiere a beſoin, pour

le produire , des parties aëriennes ,
comme un inftrument néceffaire pour
mouvoir les foufres & les fels. L'air
& la matiere éthérée unis enfemble,
ble , ont encore befoin des foufres
pour donner autant de mouvement
qu'il en faut aux fels , & des fels,pour
donner au foufre un mouvement fuf-
fifant. Refte donc que ces quatre fubf-
tances ignées , pour faire leur ma-
nœuvre avec fuccès , aient entr'elles une certaine proportion ; c'eft là
ce qui fait que le Feu ne fe propage
pas avec la même rapidité dans tous
les mixtes. Il y a une réflexion à faire, continue-t-il, fur les parties ignées
qu'on emploie à tout propos pour
l'explication de bien des phénomè-
mes. Il femble qu'on regarde ces parties comme celles d'un élément particulier ; mais il eft vifible que le Feu
confidéré comme un élément particulier eft une pure chimere. S'il y a des
parties ignées cachées dans tous les
corps, ce ne font que les fels, les foufres , l'air & la matiere éthérée, qui
fe trouvent réellement dans tous les
mixtes ; mais qui n'y ont nullement
les propriétés du Feu avant l'in-

flammation de ces mixtres, & par conséquent qui n'y peuvent pas plus agir que les autres parties de ces mixtes, avant d'avoir été des-unies , raffemblées intimement , mêlées & agitées du mouvement qui doit leur donner la forme de Feu.

Suit la troifieme Differtation. *M. le Comte de Créquy* admet avec tous les Philofophes, que Dieu a créé dans l'univers une certaine quantité de matiere & de mouvement , dont l'effence ne périt jamais. Or puifqu'en général le mouvement axiligne des parties des fluides ne fçauroit fubfifter que par une caufe toujours renaiffante , quel être avons nous plus préfent en tous lieux, pour produire cet effet, que le double cours de la matiere fubtile magnétiqúe, qui ne reffemble en rien aux Elémens de *Defcartes* ? Comme le feu eft plein de mouvement, il eft probable qu'il l'emprunte de ce même mobile dont il dépend , de même que tous les autres phénomènes de la Nature. Mais comme entre les figures folides il y en a deux principales, qu'on peut confi-

dérer comme les deux extrêmes , fçavoir la fphère & la pyramide ; & que
les folides font fufceptibles de trois
genres de variétés , dont le premier
eft d'être diverfement figurés à l'extérieur , le fecond d'être plus ou
moins étendus , le troifiéme d'être
pleins ou concaves ; il fuit qu'au
lieu de trois , de quatre , de cinq fub-
ftances ou élémens des mixtes , il
peut y en avoir une infinité d'efpe-
ces différentes. Ainfi quelque figure
qu'on puiffe attribuer aux atômes in-
fécables dont les végétaux font compofés , il eft fenfible qu'ils font tous
également fufceptibles de repos ou
de mouvement , & que le mélange
de tous les genres d'atômes poffibles
ne fermenteroit jamais fans le fecours
d'un agent qui puiffe en opérer le
mouvement ; car la fermentation de
plufieurs fluides mêlés enfemble n'eft
autre chofe qu'une accélération du
mouvement des atômes qui les compofent ; or l'effence du mouvement
ne périffant jamais , l'accélération du
mouvement procede de celui d'un
corps vifible ou invifible ; par conféquent la fermentation étant une ac-

célération du mouvement de ces fluides, elle est l'effet d'un agent actuel-
ment présent ; mais quel autre agent
pourroit-ce être, si ce n'est le double cours de matiere magnétique auquel le mélange des atômes fait un
plus grand obstacle que de coutume, obstacle qui consiste en l'obstruction qui arrive à la pénétrabilité diamétrale des deux courans magnéti-
ques opposés. L'obstruction des deux
courans est donc la cause des fermentations des fluides. Lorsque la
fermentation acquiert un certain degré de violence, & que la dissipation
par la surface devient fort abondante,
alors tous les atômes qui prennent
l'essor à la faveur du mouvement rec-
tiligne, fermentent de nouveau avec
l'air ; c'est en cette fermentation vive
de l'air avec les atômes qui prennent
l'essor, que consiste la flamme ; mais
comme la fermentation qui acquiert
un certain degré de violence engendre le feu, elle doit être considérée
comme un diminutif du feu, & le
feu comme sa plénitude, parce qu'ils
sont l'un & l'autre de même nature.
Le feu ainsi produit, il est facile d'i-

maginer comment il se communique. Le feu n'est donc autre chose que la dissolution des corps combustibles par un agent invisible qui est le double cours, & qui communique son mouvement lorsqu'il y a obstruction à la pénétrabilité diamétrale & réciproque des deux courans ; d'où on peut conclure que lorsque l'air fermente avec plusieurs corps hétérogènes dont toutes les parties, ainsi que les siennes, tournent sur leur centre ; les frottemens sont si grands & si violens qu'ils font frémir la matiere du double cours, & que c'est en cela que consiste la cause générative de la lumiere, dont la vîtesse est relative à la pression de l'Univers, & non pas à la force de la lumiere.

Nous voici à la quatriéme Dissertation. M. *de Voltaire* débute ainsi : Ou le feu est un mixte produit par le mouvement & l'arrangement des autres corps, ou bien c'est une substance simple, laquelle n'attend que du mouvement & de l'arrangement pour se manifester ; il n'est point produit par le mouvement, &c. car il n'est point leur composé ; donc le Feu est une substance simple, &c. D'ailleurs, s'il étoit vrai que le mouvement, &c. pourquoi ne feroient-ils pas croître de l'herbe sans qu'elle existât déja dans son germe? Pourquoi le vent du Midi soufle-t-il chaud, & le Nord porte-t-il toujours le froid en tems serein? Pourquoi certaines fermentations, soit dans le vuide, soit dans le plein, n'occasionnent-t-elles jamais de chaleur? En un mot, pourquoi ce moument, qui n'est jamais le même deux années de suite, produiroit-il toujours un être qui est toujours le même? Le Feu est donc une substance élémentaire, c'est le seul être qui éclaire & qui brûle. Mais a-t-il toutes les qualités primordiales de la matiere? Il est constant qu'il est mobile, qu'il est étendu? Les Expériences des *Boerhaave*, des *Homberg*, des *Réaumur*, les miennes propres, toutes ces considérations m'obligent, dit-il, à respecter l'opinion que le Feu ne pese point; cependant comme les corps chauds, quoiqu'ayant plus de volume, ne pesent pas plus qu'étant froids, n'y ayant d'ailleurs aucune raison pour priver l'élément

du Feu de la pesanteur qu'ont les autres élémens , je conclus qu'il est très-
probable que le Feu pese. A l'égard
de son impénétrabilité, elle paroît
très-certaine ; car le Feu est corps,
ses parties sont très-solides , & la solidité emporte nécessairement l'impénétrabilité. Quant à son mouvement, ne seroit-il pas contre toute
philosophie d'expliquer le mouvement connu d'un élément, par le mouvement supposé d'un autre élément
inconnu ? Il faut donc croire que le
Feu a le mouvement originairement
imprimé en lui-même. Le Feu étant
donc toujours, par sa nature, en mouvement , ses parties étant les plus
simples , & par conséquent les plus
solides des corps communs , tous les
corps étant poreux , le Feu habite nécessairement dans les pores de tous
les corps ; il les étend , les meut, les
échauffe , & les consume , selon sa
quantité & son degré de mouvement.
Il y a, de nécessité, dans tous les corps
élastiques un pouvoir qui dilate toutes leurs parties ; ce pouvoir n'est que
du mouvement ; le Feu qui est dans
ces corps est en mouvement , le Feu

caufe donc l'élafticité. Si l'air étoit
abfolument privé de Feu, il feroit
fans mouvement & fans action ; donc
il tient fon reffort du Feu ? Tout ce
qui prend Feu n'eft pas électrique :
mais tout ce qui devient électrique
jette du Feu plus ou moins ; donc le
Feu paroît avoir très-grande part à
l'électricité. La propriété inhérente
qu'a le Feu de fe répandre également, fait qu'il échauffe & qu'il éclaire en raifon inverfe ou réciproque
du quarré des diftances. Il eft attiré
par les corps ; il paroît repouffé fans
toucher aux corps. La figure de fes
parties conftituaires doit être ronde,
puifque c'eft la feule qui s'accorde
avec un mouvement égal en tous fens;
pour la couleur, elle dépend des
rayons différens qui compofent le
Feu. Il agit par fa maffe & fa vîteffe.
Quoique tous les corps foient également chauds dans le même air, ils
n'ont pas tous en eux également de
Feu. Si les rayons du Feu augmen-
toient leur force par leur action les
uns fur les autres, les rayons de la
Lune, reçus fur un miroir ardent,
fembleroient devoir au moins faire

fentir quelque chaleur à leur foyer ;
mais c'eft ce qui n'arrive jamais.
Donc, &c. Plus le corps auquel on
applique un Feu étranger réfifte, &
plus la quantité de ce Feu multipliée
par la vîteffe, agit fur lui. Voici les
proportions dans lefquelles le Feu
embrafe un corps quelconque. Il communique fon mouvement aux corps
homogènes, à proportion de leur
groffeur. Il agit en raifon inverfe du
quarré de fa diftance. Il augmente le
volume de tous les corps avant d'en-
lever leurs parties. Les corps retiennent leur chaleur d'autant plus long-
tems, qu'il a fallu plus de tems pour
les échauffer. Tous les corps font
échauffés & rarefiés par un Feu égal,
plus lentement d'abord, enfuite plus
rapidement, puis avec plus de célérité, & de ce point de plus grande
célérité, ils fe raréfient tous d'autant
plus lentement, qu'ils approchent
plus du dernier terme de leur expanfion. La raifon dans laquelle le Feu
agit fur les corps, eft toujours moindre que la raifon dans laquelle on augmente le Feu. Toutes chofes d'ailleurs égales, tout corps expofé au

Feu fera plus promptement échauffé
par ce Feu étranger, en raifon de la
portion de Feu qu'il contient dans fa
propre fubftance. Tous corps homogène de dimenfions égales, a Feu
égal, mais chacun peint ou teint
d'une couleur différente, s'échauffent
fuivant les proportions des fept couleurs primitives. S'il eft utile de fçavoir quel degré de Feu eft néceffaire
pour détruire, il ne l'eft pas moins
de fçavoir quel degré il faut pour
animer, & quel Feu & quel froid
peuvent foutenir les animaux & les
plantes. C'eft de quoi je prépare encore une table. Le Feu ne tend ni à
monter ni à defcendre, & les corps
ne paroiffent devenir d'une égale
température, que parce que le Feu
qu'ils contiennent n'agit point fenfiblement dans eux. Il feroit, ce femble, très-utile de fçavoir en quel proportion le Feu fe communique d'un
corps aux autres. Je prépare des Expériences fur la quantité de chaleur
que les liqueurs communiquent aux
liqueurs, les folides aux folides. La
feule matiere inflammable qu'on re-
tire des corps eft ce qu'on appelle

huile , ou le foufre ; mais ce foufre lui-même , comme le difoit l'infatigable *Homberg* , n'eft autre chofe
que le Feu lui-même. Un petit Feu
a befoin d'air, & un grand Feu n'en
a nul befoin. On dit ordinairement
que le Feu eft éteint, & le vulgaire
croit qu'il ceffe de fubfifter quand
on ceffe de le voir , & de le fentir ;
cependant la même quantité de Feu
fubfifte toujours : ce qui s'eft exhalé
d'une forêt embrafée, s'eft répandu
dans l'air & dans les corps circon-
voifins , il ne fe perd pas un atôme
de Feu ; il en refte toujours beaucoup dans les corps dont on fait cef-
fer l'embrâfement. Voilà à peu près
comme s'explique *M. de Voltaire*
dans fa Differtation fur le Feu.

Madame du Chatelet, autre partifan
du fentiment de *Boerhaave* , de plufieurs preuves qu'elle établit , tant
dans la premiere partie de fa Differtation que dans la feconde , conclut
que la lumiere & la chaleur font deux
effets très-différens & très-indepen-
dans l'un de l'autre, & que ce font deux
façons d'être, deux modes de l'être
que nous appellons Feu ; que l'effet le

plus univerfel de cet être, celui qu'il
opere dans tous tous les tems & dans
tous les lieux, c'eft de raréfier les
corps, d'augmenter leur volume, &
de les féparer jufques dans leurs parties élémentaires, quand fon action
eft continuée; que le Feu n'eft point
le réfultat du mouvement; que le Feu
a quelques-unes des propriétés de la
matiere, fon étendue, fa divifibilité,
&c; que l'impénétrabilité du feu n'eft
pas démontrée; que le Feu n'eft point
pefant, qu'il ne tend point vers un
centre comme tous les autres corps;
qu'il feroit impoffible, fuppofé même qu'il pesât, que nous puffions nous
appercevoir de fon poids; que le Feu
a plufieurs propriétés qui lui font
propres, outre celles qui lui font communes avec les autres corps; qu'u-
ne de fes propriétés, c'eft de n'être
déterminé vers aucun point, de fe
répandre également dans tous les
corps, & de tendre à l'équilibre par fa
nature; que c'eft par cette propriété
qu'il s'oppofe fans ceffe à l'adunation
des corps, & que c'eft par elle enfin
qu'il eft un des refforts du Créateur,
dont il vivifie & conferve l'ouvrage;

que le Feu eſt la cauſe du mouvement interne de parties des corps ;
que le Feu eſt ſuſceptible de plus
ou de moins dans ſon mouvement,
mais que le repos abſolu eſt in-
compatible avec ſa nature ; que
le Feu eſt également répandu dans
tout l'eſpace , & que dans un même
air tous les corps en contiennent une
égale quantité, ſi l'on en excepte les
créatures qui ont la vie; que le Feu
eſt également diſtribué dans tous les
corps inanimés ; que les créatures ani-
mées contiennent plus de Feu dans
leur ſubſtance que les autres ; que l'attrition eſt le moyen le plus puiſſant
pour attirer le Feu renfermé entre les
parties des corps ; que la maſſe des
corps , leur élaſticité, & la rapidité
du mouvement qu'on leur imprime ,
augmentent infiniment l'activité du
Feu qu'ils contiennent , & que l'attrition excite; que le Feu raréfie tous
les corps, & les étend dans toutes
leurs dimenſions ; que les corps s'enflamme plus ou moins vîte , ſelon leur
couleur, toutes choſes d'ailleurs égales , & que les plus réflexibles ſont
ceux qui s'enflamment les derniers ;

que les liquides n'acquierent aucune chaleur par le plus grand Feu, paſſé l'ébullition ; que l'aliment du Feu n'eſt pas du Feu, que ce ſont les parties les plus ténues des corps que le Feu enleve, & qu'elles ne ſe changent point en Feu ; que le Feu détruit l'élaſticité des corps loin d'en être la cauſe ; que le feu paroît être la cauſe de l'électricité ; que le Feu n'agit pas ſur les corps, ſeulement en raiſon de ſa quantité ; que les rayons acquierent une activité dans leur approximation qui augmente infiniment les effets du Feu ; que le tems dans lequel les différens corps ſe refroidiſſent eſt à peu près le même que celui dans lequel il s'échauffent ; que l'abſence du Feu n'eſt pas la ſeule cauſe de la congellation, mais qu'il s'y mêle des parties frigérifiques ; que ces parties frigérifiques ſont des particules de ſel & de nitre ; que le Soleil eſt un corps ſolide ; que tout le Feu d'ici bas ne nous vient pas du Soleil, mais que chaque corps en contient une certaine quantité ; qu'il y a dans la terre un Feu central qui eſt la cauſe des végétations qui ſe font dans ſon ſein. *M.*

M. de Beausobre, qui a tâché de développer la nature du Feu, explique dans sa Differtation la chaleur & la lumiere par le mouvement de l'éther, ce fluide fubtile, reconnu par Ariftote, & employé par prefque tous les Phyficiens des fiécles poftérieurs. La chaleur & la lumiere font analogues & cependant ne different pas fimplement par le dégré plus ou mons grand de l'éther. La lumiere dépend en effet d'un mouvement direct du fluide, au lieu que la chaleur confifte dans des mouvemens variés. *M. de Beausobre* établit cette diftinction, en nous faifant confidérer les différentes propriétés de la chaleur & de la lumiere : la chaleur raréfie les corps, elle augmente leur volume ; ce qui n'eft caufé que par les mouvemens des parties de l'éther qui agiffent dans les pores felon des directions différentes, écarte les unes des autres les molecules propres des corps. La lumiere au contraire fuppofe un mouvement en ligne droite ; l'expérience nous le confirme continuellement. On ne peut gueres douter de l'exiftence de l'éther, fi on

entend par ce fluide celui qui nous
tranfmet la lumiere, & qui en traverfant le verre, pénetre dans le récipient de la machine pneumatique,
quoiqu'on en ait pompé l'air. Ce
fluide doit, en s'introduifant dans
tous les corps, communiquer de la
chaleur à leurs parties les plus inti-
mes. C'eft, felon toutes les appa-
rences, ce même fluide qui produit
une infinité de différens effets que
nous admirons : c'eft comme un
agent univerfel. Il faut concevoir
l'éther, dit *M. de Beaufobre*, comme
un Océan où nagent tous les corps
de l'Univers.... & les corps au contraire comme des cribles par lefquels
ce fluide paffe & repaffe, & où il
caufe différens phénomènes felon le
dégré de force avec lequel il agit,
& felon la ftructure des corps fur
lefquels il agit. Il fe déclare contre
le fentiment de Boerhaave adopté par
Madame la Marquife du Châtelet,
& il croit qu'il n'y a jamais de chaleur fans quelque lumiere, ni de lumiere fans quelque chaleur. Parmi
les particules d'éther qui fe meuvent
irrégulierement, il doit toujours y

en avoir quelques-unes qui fuivent plus exactement la ligne droite que les autres. Ces parties conftitueront des rayons de lumiere, pourvu qu'elles aient affez de viteffe ou qu'elles puiffent frapper des organes affez délicats pour tranfmettre l'impreffion. D'un autre côté, fi plufieurs particules d'éther fe meuvent en ligne droite, elles trouveront toujours quelque leger obftacle en traverfant nos différens milieux. Ces obftacles introduiront de l'irrégularité dans le mouvement, & il en réfultera de la chaleur, le mouvement varié de l'éther fe communiquant aux molécules du milieu. Comme toutes les parties de l'Univers matériel font dans un mouvement continuel, on ne doit pas craindre que l'éther perde fon agitation; il la reprendroit par l'action ou la réaction des autres corps. Il s'enfuit donc, de la néceffité du plein, qu'il y a un fluide le plus fubtile de tous; il s'enfuit de l'exiftence d'un mouvement univerfel & perpétuel, que ce fluide eft toujours mû ; de la denfité des corps & de la réfiftance qui en naît, qu'il eft brifé,

croifé & obligé à changer de direction partout ; de ce que ce fluide ne
fçauroit fe mouvoir en quelque lieu
que ce foit fans trouver des milieux,
les uns beaucoup moins denfes que
les autres, qu'il fe meut auffi toujours en ligne droite, quoique ces
directions foient quelquefois chan-
gées & qu'elles ne durent pas toujours également longtems ; & enfin
de ce qu'il fe meut ainfi, qu'il y a
de la lumiere partout. L'obfcurité
& le froid font plutôt des lumieres &
des chaleurs évanouiffantes, que des
êtres réels & abfolus. *M. de Beaufobre* affujettit la chaleur à diverfes
loix, qui font à peu près celles de la
communication des mouvemens, &
il en compte quatorze. Ces loix appliquées aux corps fenfibles font ad-
mifes de tous les Phyficiens.

On peut, par ce tableau abregé
des différentes opinions que l'on a
fur la nature du Feu, juger quelle
eft celle qui répond le plus aux phénomènes de cet élément, que l'on
trouvera tous très-bien développés
dans ce volume-ci & le fuivant.
Nous finiffons par la belle idée que

M. de Lavergne donne du Feu dans ſon Poëme intitulé : *les Elémens.*

D'un double fluide humectée,
La Terre eut vu le jour en vain,
Si l'Elément de Promethée
N'eût pénétré juſqu'à ſon ſein.
Sans lui, la ſurface obſcurcie
D'un air ſans ceſſe condenſé,
Se verroit encore endurcie
D'un Océan toujours glacé ;
Lui ſeul agiſſant au contraire
En elle, ſur les airs & les eaux,
La rendit à l'inſtant la mere
De mille utiles Végétaux ;
Et juſqu'à l'homme enfin, ſa flamme
Lança ce rayon précieux,
Ce principe moteur, cette ame,
Qui le fit preſqu'égal aux Dieux.

EXTRAIT d'une Dissertation de M. DAVID WIPACHER, sur le Phlogistique, regardé comme moyen d'union des parties métalliques.

NOUS avons cru devoir ajouter ici cet Extrait, d'autant que le Feu principe y paroît consideré d'une maniere plus relative à la Chymie.

Le Feu fixé & devenu principe des corps, est celui auquel on donne particulierement le nom de *Matiere inflammable, de Soufre principe, ou de Phlogistique.* On lui donne ce nom à cause de sa vertu pour entretenir la flamme. C'est lui-même un feu caché qui se dévelope, ou par le frottement seul, ou s'unit & augmente le Feu vif, suivant des loix d'adhésion, en ce qu'il lui est semblable.

Le Feu donc que nous regardons comme Elément, pur & sans mêlange, excité par le frottement, est un être de très-peu de durée, à moins qu'il ne soit attaché à quelque matiere qui l'augmente & le faſſe durer plus longtems. C'eſt cette matiere que nous appellons Phlogiſtique, laquelle s'unit très-facilement au feu actuel & l'augmente. Il eſt aſſez difficile de pouvoir bien expoſer les vertus ſingulieres & admirables du Phlogiſtique. C'eſt un eſprit qui ne peut être phyſiquement détruit ; & il eſt d'une ſi grande ſubtilité, qu'une fois que la Chymie l'a délivré de ſes chaînes, il eſt ſi peu capable de repos qu'il cherche auſſitôt à s'unir à d'autres mixtes, dès l'inſtant même de ſa ſéparation, & s'envole dans le corps le plus voiſin auquel il peut s'attacher, ou qui peut le recevoir, ſans avoir de forme déterminée, ou plutôt ſemblable à un Prothée, ſuſceptible de toutes les formes poſſibles. On ne peut l'avoir pur & bien ſéparé des autres parties qui l'embarraſſent ; & par conſéquent il ne peut être fixé ſous nos ſens, à cauſe de ſa grande ſubtilité qui échappe à notre vue, il ne laiſſe aucune priſe & parcourt tous les corps. On l'appelle auſſi l'aliment du Feu, parce qu'ils ne peuvent exiſter l'un ſans l'autre : ſi on le conſidére dans son dernier état de pureté, il entretient une flamme très-pure & foible, de maniere qu'il brille plus qu'il n'est enflammé : & *Boerhaave* dit que cela arrive, parce qu'au défaut de résistance des parties incombustibles, la flamme trouve moins d'obstacle ; conséquemment il y a moins, ou pour ainsi dire, il n'y a aucun frottement, qui est cependant la seule cause du Feu actuel. C'est-là pourquoi, dit-il, l'Auteur de la Nature n'a créé de feu pur dans aucun endroit, mais il l'a toujours insinué dans les pores des autres corps combustibles, &c.

Le Phlogistique est une espece de matiere pyrophore, qui, lorsqu'une fois elle vient à être brisée par une cause occasionnelle qui augmente le tourbillon de l'atmosphere, ou animée & mise dans un mouvement intestin par quelque cause, telle que la pourriture, s'étend & s'attache aux corps qui ont quelque ressemblance à ce qui est inflammable, jusqu'à ce que le foyer où elle s'est fixée soit totalement épuisée ; car autrement sitôt qu'un troisiéme corps quelcon-

que vient à empêcher le contact de
la matiere ignée & des corps def-
truĉtibles par le Feu, comme l'eau
où le vuide qui rejette l'air & diminue l'atmofphere, il n'eſt plus poſ-
fible d'allumer aucun feu dans la
Nature, on ne peut plus le conferver. L'effet de la pourriture qui fait
que les corps gras ferrés plus vivement par un autre tourbillon intérieur, s'embrafent d'eux - mêmes,
comme fait le foin, le fumier, & les
autres corps fujets à la pourriture,
qui s'allument ordinairement d'eux-
mêmes, ou qui au moins ont coutume de s'échauffer naturellement, fi la
pourriture vient · à s'y mettre ; cet
effet, dis- je, nous apprend que cette
matiere pyrophore , tel qu'eſt le
Phlogiſtique dont il eſt ici queſtion,
eſt toujours difpofé à devenir du
feu vif, & que par conféquent elle
s'y change fitôt que quelque caufe
y donne occafion. C'eſt effeĉtive-
ment ce que font affez voir les fources du Feu fpontané, difperfées dans
toute notre Planete & tout notre
atmofphere, telles que font les in—
cendies des montagnes qui jettent

feu, les lacs bitumineux, les phof-phores tirés du corps de l'homme & des animaux, la matiere dont fe forme la foudre, les météores, & toutes les autres fources du Feu de cette efpece.

Tout ce qui peut s'enflammer nourrir le feu eft gras ; nous n'a-vons gueres d'autres termes pour indiquer cette qualité, & ce qui eft gras parmi les fluides, eft ce à quoi le feu peut s'attacher fans moyen, au-lieu qu'il ne le peut faire de même à l'eau, fans moyen.

Le Phlogiftique, tel que nous l'a-vons, n'eft jamais fimple ou fans compofition. En effet, tout ce qui nourrit la flamme eft compofé d'un matiere lente, d'une certaine terre calcaire, & tantôt d'un fel vitrifiable, fuivant le différent mêlange des corps; tantôt d'un acide, fi le corps eft du nombre des métaux ; tantôt d'un alkali volatil, s'il eft du regne végétal ou animal. Ainfi quoique les différens Phlogiftiques foient cachés dans leurs enveloppes, & qu'il ne foient pas en liberté avant que leur moteur externe ne les y ait mit, si bien qu'il en a peu dans le regne végétal & sur-tout dans l'animal, qui ne soient fixes ou portés au repos, comme on le peut voir dans les huiles exprimées des semences, & les graisses des animaux qui n'ont aucun sel volatil remarquable ; néanmoins ils ne laissent pas de faire voir leur fugacité, en quoi consiste la nature du Phlogistique, & qui est propre à tous les corps inflammables, en ce qu'aussi-tôt que le feu s'y attache en donnant un goût empyreumatique aux huiles, il les réduit, quelques pesantes qu'elles soient, en des molecules divisibles à l'infini, spécifiquement plus legeres que l'air & qui s'en laissent pénétrer. Les graisses non-seulement nourrissent la flamme & se laissent enflammer par le feu, mais lorsqu'elles ont passé par la pourriture, elles font voir qu'elles nourrissent leur propre flamme, car elles s'allument d'elles-mêmes; & s'il y a quelqu'huiles volatiles, elles s'enflamment très-promptement ; sitôt que quelqu'acide plus efficace vient à les atteindre ; c'est ce que font assez voir les ex-

périences faites avec l'esprit de nitre
fumant & les poudres qui portent
feu.

Mais pour plus de simplicité, ne
faisons d'abord attention qu'au Phlogistique métallique, & examinons-
en les propriétés. Nous le nomme-
rons soufre, & nous entendons
par ce mot tout pyrophore qui paroît
fluide lorsqu'il est séparé & abandonné à lui-même, ou un principe qui se
place entre les molécules terreuses des
corps métalliques, les lie & les unit
de différentes manieres. Ce soufre,
tel qu'il soit, considéré comme lien
des corps solides, ne peut servir de
moyen d'union qu'en ce qu'il contient un acide qui est spécifiquement
plus pesant que tous les solides; ce
qui fait qu'il s'y attache, les pénétre & les dissout sur le champ, suivant que les solides sont plus fermes
ou plus lâches; il seroit trop long
de rapporter ici les différentes manieres dont il s'unit, cela variant suivant les différens corps métalliques
& la différente impénétrabilité des
métaux qui en dépend; qu'il suffise
donc d'observer ici en général que

c'eſt un acide tel qu'il ſe trouve dans tous les métaux & qu'il eſt mêlé au Phlogiſtique; ſoit en effet que les matieres ſoient fluides, comme le ſuccin & les élémens, le naphthe ou petréole, l'ambre, l'aſphalte, ou qu'elles ſoient métalliques & conſiderées ſous différens degrés de cohéſion, on voit dans toutes des veſtiges d'acide uni au Phlogiſtique.

Pour ce qui eſt du ſuccin & de tous les autres liquides ſuccinés, il eſt clair & évident que la partie graſſe inflammable eſt enchaînée par un acide, comme le fait voir ſon ſel volatil enclin au repos, c'eſt-à-dire, fixe, ce qui ne peut dépendre que de l'acide, puiſque l'acide a la propriété de figer les ſels volatils. Le lithanthrax ou le charbon de terre & la tourbe exhalent ſi manifeſtement en brulant un eſprit acide ſulfureux, qu'il n'eſt pas beſoin d'ajouter rien de plus à leur ſujet.

Il eſt bien plus facile de trouver cet acide naturellement mêlé dans les matieres métalliques & inflammables que dans les ſoufres proprement dits, du nombre deſquels on met l'arſenic : d'où il paroit que le ſentiment de *Becher* ſur l'arſenic, conſideré comme lien des corps métalliques, n'eſt pas tout-à-fait ſi abſurde ; & qu'on ne doit pas rejetter cet acide univerſel, puiſque ſi nous y faiſons attention, ce ſentiment quadre aſſez avec l'opinion des Modernes & de *Sthal*. En effet, lorſque cet Auteur parle de l'arſenic, il n'entend autre choſe qu'un acide très-efficace mêlé au Phlogiſtique, tel qu'eſt le ſoufre & ſes eſpeces, l'arſenic. Lorſque les autres nomment le Phlogiſtique & lui attribuent la faculté d'unir, il n'excluent point l'acide ; car tel eſt le ſort de preſque toutes les opinions, de ne différer que par les différens termes dont on ſe ſert pour les expoſer.

Si *Bercher*, a eu raiſon d'admettre un acide ſouterrein univerſel, il n'eſt pas difficile de démontrer de même toute l'étendue du Phlogiſtique & d'en faire connoître tout le diſtrict & la monarchie. Je ne m'arrêterai pas ici à ces corps métalliques qui donnent leur Phlogiſtique d'une maniere très-conſtatée par l'expérience, en ce

qu'ils nourriffent le feu ou au moins
en font fufceptibles, parce qu'il font
hors de difcuffion; je n'entrerai donc
que dans l'examen de ceux qui dans
le regne foffile paroiffent entiérement dépouillés de toute matiere pyrophore; telles font les eaux, qui paroiffent d'autant moins renfermer de
cette matiere, qu'elles éteignent le
feu, & par conféquent empêchent
qu'il ne s'y attache. Joignez-y quelques fels, fur-tout les vitriols, les
fels alkalis naturels, les terres meres,
les pierres & les terres vitrifiables,
tous corps qui font fufceptibles du
feu, mais qui ne peuvent le nourrir
ni le propager. Or fi nous les examinons plus fcrupuleufement, il ne
fera pas difficile de connoître que
ces corps dans lefquels les fens ne
nous font découvrir aucune matiere
ignifere, en renferment néanmoins,
puifque l'expérience nous a appris
qu'ils pouvoient s'enflammer ou s'é-
chauffer d'eux-mêmes, ce qui eft le
figne de la préfence du Phlogiftique.
C'eft ce que fait voir l'effet de la
pourriture dans les eaux, fçavoir
les feux folets qui s'enflamment dans

l'atmofphere au-deffus des eaux des
marais, ce qui prouve que ces eaux
ne font pas fans Phogiftique. Les
vitriols, de leur côté, defquels on tire
un acide, qui eft un feu potentiel qui
peut fe convertir facilement en actuel, comme le fait voir l'efprit fumant de nitre, renferment par conféquent ce Phlogiftique qui étoit propre au métail qui les a produit. Tous
les corps foffiles qui peuvent fe vitrifier ou fe convertir en chaux par
le moyen du feu, nous apprennent
par ce rapport & par leur effervefcence avec les eaux, qu'ils ne font
pas entierement dépouillés de pyrophore. Enfin quelques fels naturels font fenfiblement inflammables,
comme le fel commun, le nitre &
l'alun, & même les autres fels naturels,
dont l'amertume les fait reffembler
au bitume, qui eft inflammable. En
effet la nature de l'amertume confifte
dans une union déterminée d'une
chofe graffe avec les fels fixes, à
l'exemple de la bile. Nous accordions
que le Phlogiftique ne fe manifefte pas
fur le champ aux fens & qu'il n'eft pas
développé dans les corps métalliques,

c'est-là pourquoi on peut dire qu'ils ne s'attachent pas facilement au feu & qu'ils le nourrissent. C'est aussi ce sur quoi nous sommes d'accord avec *Cramer*, qui pense qu'il y a très-peu de métaux entiérement dépouillés de soufre, quoiqu'avec tout cela il n'indique fort souvent pas le moyen de l'en tirer, & de rapporter chaque minéral composé à la classe du simple dont il contient une plus grande partie. Les pierres seules & les terres renferment une moins grande quantité de soufre ; & si nous voulions, à cause du peu de Phlogistique qu'elles renferment, les rapporter aux soufres, le nombre en deviendroit infini. La plupart des fossiles donc ausquels le Phlogistique sert de moyen d'union, & desquels il est principalement question ici, renferment quelque chose d'inflammable qui consiste en quelque chose d'huileux & d'acide, deux principes qui sont toujours unis, de maniere que l'un ne peut se trouver sans l'autre dans le regne minéral ; ils renferment, de même que les soufres, autant qu'il a été possible de

s'en assurer par l'expérience, un acide, de maniere qu'on peut de ceux-
là conclure aux autres Phlogistiques.

De ce que le Phlogistique ne se
manifeste pas aussi évidemment dans
tous les fossiles, il ne s'ensuit pas que
ce que nous disons sur l'universalité
de ce principe, soit précaire & sans
fondement. En effet, quoique personne n'ait encore tenté de faire voir
le Phlogistique dans l'or & l'argent,
qui sont les plus parfaits de tous les
métaux, & que le feu ordinaire ne
peut convertir en chaux ; cependant comme tous les autres métaux peuvent être détruits par le
feu, cela même prouve que c'est au
Phlogistique qu'est dû cet effet, comme étant le lien d'union des corps
métalliques ; car ce qui est vrai de
plusieurs corps d'un même genre,
devient tout-à-fait probable dans
les autres, ou un petit nombre de ce
même genre ; on ne doit point d'ailleurs révoquer en doute la présence
du Phlogistique, parce qu'il ne se
fait pas toujours connoître par une
belle flamme, puisqu'il y a un assez
grand nombre de Phlogistiques qui

se dissipent plutôt qu'ils ne brulent.
En outre, qui pourroit nier qu'il y
eût un acide arsénical dans l'argent,
le cuivre & le plomb, puisqu'il s'y
manifeste assez par l'érosion des parties vitales, quoiqu'on ne puisse le
faire voir par son combat avec l'alkali ou par d'autres expériences. De
même, personne ne niera que le mercure, excepté dans le fer, est la base
& le fondement de tous les métaux,
quoique nous ne puissions l'en tirer
& le faire voir. Le Phlogistique uni
à l'acide est donc le moyen d'union
de tous les corps métalliques, &
ces deux principes lient de différente
maniere les corps métalliques, suivant la loi d'adhésion par laquelle les
élémens semblables s'attachent les
uns aux autres, & se pénetrent mutuellement. Nous voyons en effet que
ce lien a plus ou moins de consistence, puisque les acides s'abstiennent
de quelque métaux, que d'autres les
recherchent; d'où nous jugeons qu'il
y a des acides semblables aux acides
dissolvans dans celui des métaux qui
passe par la solution; qu'au contra-
raire ils sont dissemblables dans ce-

lui qui ne peut être diſſou. C'eſt cette loi d'adhéſion des menſtrues par rapport à leurs diſſolvendes, que *M. Macquer* a très - bien expliqué par les analogies & les reſſemblances des acides. *Voyez ſes élémens de Chymie.* Nous nommons métaux les corps qui ſe fondent au feu, y coulent, & qui ayant repris leur conſiſtence, & s'étant réfroidis après la fuſion, ſupportent les coups de marteau ſans ſe rompre, s'étendent en long & en large ſans augmenter de poids, ſont ductiles & peuvent former du fil. Leur plus ou moins de perſiſtence dans le feu en fait aſſez voir la valeur & la prééminence. Ils ont en eux quelque choſe qui nourrit & entretient la flamme ; car lorſque la flamme les a diſſous ſans certaines conditions, leur lien d'union étant rompu ils peuvent être détruits & convertis en chaux. Quant aux raiſons qui nous indiquent la préſence du Phlogiſtique dans les métaux, les unes s'étendent à tous les métaux, & d'autres ne conviennent qu'aux métaux inférieurs, qu'on appelle mols, ou qui réſiſtent peu au feu. L'argument commun (ou qui s'étend à tous les métaux) dont nous nous fervons pour prouver qu'il y a du Phlogiftique dans tous les métaux, eft, que fi le métail blanchit, s'enflamme ou rougit, il doit renfermer en foi quelque chofe qui nourriffe le feu, phénomène qui fuppofe que le feu ait rendu tranfparent un corps folide, tandis que de fon tourbillon flamboyant il rend les pores imperceptibles de ce corps, car les plus folides en ont, fi ouverts ou fi pénétrables, qu'il s'élance çà & là par la furface du corps enflammé des étincelles tendres. Les métaux rouges ou enflammés nous font donc voir manifeftement que le vrai feu eft nourri & entretenu par une fource telle qu'elle puiffe être de Phlogiftique, en ce qu'ils embraffent tous les corps qui font fufceptibles de feu. Ainfi quoiqu'on ne puiffe pas prouver que l'or & l'argent renferment le pyrophore, en les convertiffant en chaux ; quoique cela ne fe puiffe faire lorfque la mixtion & l'union des parties conftituentes eft parfaite: néanmoins lorfqu'ils rou-

giffent & pétillent, c'eft-à-dire,
lorfqu'ils jettent de toute part de
vrais rayons de feu lumineux pendant
leur fufion, rayons qui reçoivent
& confervent la lumiere du phofphore, ils prouvent par cela même
qu'ils ne font pas dépouillés de Phlogiftique ; l'atmofphere heliteufe qui
fe forme autour de la maffe de l'or
& de l'argent, tandis que l'un &
l'autre de ces métaux fond & coule,
eft encore une preuve de la matiere inflammable que renferment ces métaux.
En effet, dans le tems tout bouil-
lonné en dedans, par le feu de la
fonte, il paroît différentes couleurs en
forme d'Iris qui fe jouent d'une maniere à faire plaifir en fe portant
d'une façon indéterminée autour de
la maffe ; preuve manifefte qu'il y a
quelque chofe dans le corps même
du métail qui caufe une femblable
évaporation, c'eft-à-dire, quelque
chofe d'inflammable & de deftructi-
ble. Enfin la Phyfique nous faifant
connoître que ces corps reçoivent
plus ou moins le feu, & le confervent plus longtems fuivant qu'ils font
plus glutineux & plus remplis d'hui-

le, & que rien ne peut entretenir le feu que le Phlogiftique; c'en eft affez pour être certain que ces métaux les plus parfaits, l'or & l'argent, ont une matiere inflammable, puifqu'une fois qu'ils fe font enflammés, ils confervent leur couleur plus longtems; & que les vrais pyrophores font des corps qui ne peuvent fe détruire comme le foufre, l'huile, le bois fec, qui s'allument & jettent une flamme vive, parce qu'ils éprouvent ce changement à caufe de l'union plus lâche de leurs parties terreufes.

Les métaux réfiftant plus ou moins au feu, ils ne doivent pas renfermer la même quantité de Phlogiftique, la durée ou la perfiftence de cette matiere au feu doit être différente. Ce n'eft donc pas le défaut de matiere inflammable qui rend peut-être l'or & l'argent incombuftibles, mais c'eft bien plutôt le mêlange trop intime de cette matiere, ou fa cohéfion avec les autres parties, qui les fait réfifter aux flammes; mêlange que leur pefanteur fait affez découvrir. Cela étant, nous avons d'autant moiens de doute fur la préfence de la matiere inflammable dans les autres métaux, puifque le feu les peut détruire & les priver de leur forme métallique ou réguline ce qui prouve qu'ils renfermoient quelque chofe qui peut entretenir la flamme. En général il arrive ordinairement deux changemens aux métaux fubalternes, defquels nous ne pouvons abfolument rendre raifon que par l'abfence ou la préfence du Phlogiftique; c'eft leur calcination & leur réduction, c'eft-à-dire, l'opération par le moyen de laquelle on leur fait reprendre leur forme métallique en leur rendant leur Phlogiftique.

Lorfque les corps métalliques confiderés fous un certain volume viennent à être réduits en poudre, par le moyen du feu, ils ne peuvent fouffrir ce changement que par la diffolution du lien qui les uniffoit auparavant. Il faut donc dans ce cas que les métaux réduits en poudre fixe par le feu foient privés du moyen d'union qu'ils avoient auparavant. Or la folution des corps fe fait de la maniere que

les

les inftrumens diffolvans peuvent la
faire ; mais puifque le feu détruit les
corps métalliques ou les éparpille, &
par conféquent les convertit en chaux,
c'eft donc une raifon qui doit nous
faire voir clairement qu'il fe fépare
alors des métaux quelque chofe qui
répond au feu & qui peut en être
féparé par fon moyen, c'eft-à-dire,
quelque chofe d'inflammable; toute efpece de calcination ne pouvant donc
fe faire fans que le phlogiftique foit
confommé, il fuit que rien ne peut
être converti en chaux qu'il ne renferme quelque chofe qui puiffe nourrir la
flamme ; or c'eft de ce que les corps
font propres à nourrir la flamme,
qu'on peut à bon droit conclure qu'ils
renferment du principe inflammable.
Mais pour qu'il ne manque rien pour
un plus grand éclairciffement de la
queftion, & principalement pour porter toute la clarté poffible fur ce que
nous avons dit, je crois qu'il ne fera
pas hors de propos d'expofer ici quelle eft la nature de la chaux dont nous
entendons parler. Le mot *chaux*, pris
en général, fignifie le plus petit élément terreux d'un corps quelconque

dont les parties étoient cohérentes, & qui est dispersé en de fort petites glébes, par le moyen d'un certain fluide, qui, en le pénétrant, a détruit le lien de ses élémens. Ce n'est donc pas seulement la cendre produite par l'action du feu que les Chymistes appellent *chaux*, mais encore celle qui se trouve dans les liquides qui ont la force destructive du feu, tels que les eaux caustiques qui pénetrent dans le corps à dissoudre, & qui sont très-acides de leur nature ; mais ce terme, pris dans sa vraie signification, signifie la cendre des métaux. Ces deux especes de chaux different en ce que celle des eaux caustiques n'est point privée de son phlogistique, & que l'union des parties est simplement empêchée par les sels qui s'y nichent & en empêchent le contact mutuel ; il est bien vrai que par ce moyen les parties sont desunies, mais elles ne sont point privées de leur phlogistique. En effet, l'acide ne détruit point la matiere inflammable ; au contraire, il s'y unit d'amitié, comme on le voit arriver dans les huiles & les esprits ardens végétaux, qu'enflamment très-

facilement les acides minéraux ; &
dont, comme l'a très-bien obfervé
M. Macquer, en parlant de la maniere
d'agir des acides fur les métaux,
l'analogie & leur reffemblance les
fait s'attaquer mutuellement. Quoique
toute calcination ne confifte pas dans
la deftruction du phlogiftique, cependant quiconque connoît un peu la nature du feu ne doutera point que le
corps métallique qui a été converti
en chaux n'eût point éprouvé ce changement, fi le phlogiftique dont on l'a
dépouillé n'eut été le moyen d'union
de fes parties. C'eft ainfi que fi nous
faifons attention aux cendres de quelque plante, il ne nous refte aucun
doute qu'elles ont été ainfi réduites
par la deftruction du phlogiftique du
végétal dont elles font les cendres.
Quoiqu'il ne paroiffe pas clairement
pendant la calcination des métaux,
qu'ils renferment l'aliment de la flamme, parce qu'il ne fe forme pas une
efpece de tourbillon d'air qui en faffe
élever le feu en cône ; cependant comme les métaux brillent pendant leur
calcination, ils font voir clairement
qu'ils font enflammés, & qu'il y a

alors en eux quelque tourbillon de
feu; c'eſt donc la calcination qui en détruit la matiere analogue au feu , matiere qui s'y joint facilement , ce qui
prouve indubitablement, ſi la calcination a été faite à feu ouvert, qu'ils renfermoient du phlogiſtique qui en a été
chaſſé par ce moyen , & s'eſt diſperſé
en l'air. Mais , dira-t-on, les métaux
les plus parfaits, l'or & l'argent, ne
peuvent ſans un menſtrue & d'autres
ſels qui reçoivent le phlogiſtique &
que l'on nomme *ciment* , être réduits à
feu nud en poudre ; & c'eſt là ce qui
fait voir clairement qu'ils renferment
un phlogiſtique plus difficile à détruire ; car il eſt évident par la chaleur
incendiaire qu'ils contractent , leur
embraſement , leur fuſion , leur vitrification, qu'ils renferment un ſemblable phlogiſtique ; c'eſt auſſi ce qui
fait connoître qu'ils ont en eux une
matiere très-fixe , très-ſubtile , inflammable , ſi bien déguiſée ſous le
voile de ſel fixe , qu'on ne peut leur
en rien ôter , même avec un feu
très-violent, que par l'intermede d'un
métal plus inflammable , ſçavoir le
plomb. Les métaux ſubalternes ſup-

portent plus facilement la calcination, de maniere cependant que le cuivre souffre plus promptement ce change- ment que le plomb & l'étain , & ils se convertissent en une matiere qui n'est plus cohérente , en cendres ou en chaux. Le phlogistique renfermé dans l'antimoine ne fait pas beaucoup de ré- sistance , c'est-là pourquoi il suit en quelque partie la nature des métaux subalternes ; car on le dépouille de même de son phlogistique , si on le calcine , & même encore plus facile- ment si on le fait calciner avec du nitre dont l'alkali affoiblit l'acide & l'antimoine , & facilite la destruction du phlogistique sans laquelle la chaux ne peut se former. Or comme les mé- taux qui supportent moins bien le feu, ou qui y résistent le moins n'ont pas la même facilité pour se calciner, nous devons regarder ceux qui se calcinent plus promptement comme plus rem- plis de phlogistique , & au contraire ceux qui résistent le plus , comme en ayant moins.

Tout le monde sçait qu'on suppléé au défaut des semblables par des sem- blables , & que conséquemment ce

qui étant uni à une chose répare la
perte qu'elle avoit faite d'une autre,
est un signe que ce qui s'unit est semblable à la chose perdue. Par conséquent si le phlogistique que l'on donne à la chaux des métaux, peut révi-
vifier ces métaux, & leur redonner
leur premiere forme, n'est-ce pas une
raison suffisante pour croire que le lien
qui unissoit les parties de ces métaux
avant leur calcination étoit aussi un
phlogistique? *L'illustre Stahl* est le
premier qui nous ait appris à ressus-
citer les métaux de leur cendres, &
qui a conclu de cette expérience qu'il
y avoit dans les métaux une matiere
inflammable, qu'il a regardée comme
principe de l'union de leurs parties;
c'est par conséquent à lui que nous
devons cette théorie. En effet, soit
qu'on se serve de la chaux de cuivre,
d'étain, de plomb, de fer ou d'antimoine, pour faire l'expérience, on
verra toujours, en y ajoutant de la
poussiere de charbon, de la poix, &
d'autres résines végétables, le métal
reprendre sa premiere forme, en se
fondant dans le creuset. On auroit
beau, par le moyen de quelque feu

que ce puiſſe être, eſſayer ſans ce
moyen d'opérer ce changement ſur
ces chaux; on verroit plutôt les parties de la chaux s'unir en un corps
diaphane & ſe vitrifier. Cette nouvelle forme, & qui eſt la derniere que
puiſſe prendre la chaux des métaux,
ne s'oppoſe pas encore à leur révivification, pourvû qu'on y ajoute du
charbon, & qu'on faſſe fondre ce
verre avec de la chaux de ces métaux.
Qui ne ſera ſurpris de voir la poudre
de charbon produire des effets ſi admirables, capables de pouvoir révifi-
fier les métaux, ſi on l'ajoute à leur
chaux, pour les faire fondre enſemble ? Ne pourroit-il pas ſembler d'a-
bord, ſi on vouloit rendre autrement
raiſon de ce phénomene, qu'il n'y a
pas dans le charbon noir, parce qu'il
eſt brûlé, beaucoup de phlogiſtique,
au moyen duquel les parties ſéparées
de la chaux de métaux puiſſent être
réunies, & reformer de nouveau ces
métaux ? Il ne paroît pas même aſſez
clairement, comment le phlogiſtique végétable peut reparer la perte
du phlogiſtique métallique qui eſt
d'un caractère acide, tandis que le vé-

gétable eſt de l'huile toute pure ; ne pourroit-on pas en conſéquence pen-ſer que cette révivification des mé-taux n'arrive que parce que l'embra-ſement devient plus conſidérable, au moyen de la pouſſiere de charbon qui en facilite la fuſion, puiſqu'il eſt d'ail-leurs conſtant que les charbons noirs peuvent rendre le feu bien plus fort & bien plus violent ? Mais ce ſeroit ſe tromper bien groſſierement. En effet, on ne peut dire que les métaux ſoient révivifiées en augmentant le feu, puiſ-que c'eſt au contraire un moyen de les détruire, plutôt que de rallier leurs parties. Ainſi les charbons en révivi-fiant les métaux n'agiſſent donc ſur leurs chaux que comme un nouveau lien qui tient la place de celui qui s'eſt échappé; c'eſt par cette raiſon que nous voyons le fer enflammé dans un cer-tain degré avec la poudre de charbon s'endurcir davantage & devenir acier, parce que par ce moyen ſes parties ſe touchent par plus d'endroits, que ſes fibres ſont plus exactement unies, ce qui ne peut atriver que par l'augmen-tation de ſon phlogiſtique ou de ſon lien naturel. Si donc il eſt poſſible de

redonner aux chaux & aux verres des
métaux, la forme métallique, en leur
donnant du phlogiftique; si de plus
on peut donner aux métaux plus de
dureté & de folidité en en augmentant
le phlogiftique, je ne fçais pas pourquoi on peut douter de la préfence
du phlogiftique, & de fa néceffité
unir les parties des corps métalliques.

Voyons donc préfentement que nous
avons prouvé l'exiftence du phlogiftique dans les métaux, à en démontrer
l'univerfalité, & à conftater que les
métaux & les corps métalliques ne
peuvent fubfifter fans ce phlogiftique. Nous n'examinerons pas ici, fi
les métaux font de plus nouvelle créa-
tion que le monde; s'il fe fait tous les
jours dans les mines de nouvelles com-
pofitions des élémens, de nouveaux
mélanges pour former les métaux;
quoiqu'il paroiffe qu'on ne le puiffe
nier abfolument, parce qu'on voit les
métaux végéter & s'augmenter par
degrés dans leurs matrices, comme
paroiffent nous l'apprendre les formes
dendroïdes de l'argent & du cuivre le
plus parfait qui fe préfentent fur différentes pierres, & que les élémens des

métaux, les foufres, les pyrites, fe trouvent toujours & partout dans les mines près des métaux. Il eft donc affez probable que les métaux fe forment par le moyen du phlogiftique qui unit les différentes terres métal-liques, puifqu'on trouve toujours le long des métaux fulbalternes, fçavoir, du cuivre, du fer & du plomb, dont le phlogiftique eft plus fenfible, des chofes inflammables, comme des py-rites. On fçait d'ailleurs que le cuivre fe tire en bien plus grande quantité de l'ardoife, qui a été ainfi appellée par les Latins à caufe de fa nature in-flammable, que de toute autre pierre qui en fournit ; & certes nous ne voyons dans l'ardoife remplie de cui-vre qu'une abondance de pétréole. Bien plus qui ignore d'ailleurs que le charbon de terre fe forme le long des pierres qui portent le fer ? C'eft là ce qui fait voir qu'il y a toujours vers l'o-rigine des métaux de ces molécules phlogiftiques, qui en entrant dans les métaux fervent à en unir de plus en plus les parties. La fource des élémens des métaux les plus parfaits n'eft pas fans matiere inflammable ; car on fçait que

dans les mines d'or de Hongrie, il
s'y trouve du cinnabre dont l'or tire
quelque chose. Examinez l'argent, &
vous verrez que l'arfenic & fa pierre
qu'on nomme *cobalt*, qui eft très-
remplie de phlogiftique, font avec lui
dans une très étroite liaifon ? Du refte
il n'eft pas douteux qu'on peut mettre l'arfénic au nombre des phlogiftiques ; fa nature le confirme. Or
comme il fe trouve dans cette pierre,
qui réfulte de l'union de l'acide & du
phlogiftique, des trames d'argent; il eft,
je penfe, très-clair qu'il fe trouve vers
les confins des mines des métaux &
dans le flanc même de ces métaux, du
phlogiftique pour les former & les
unir. Examinons le plomb, la vapeur
peftilentielle qu'il jette nous fera affez
connoître qu'il s'y trouve une très-
grande quantité d'arfénic ; qu'on doit
par conféquent mettre le plomb &
tous fes produits chymiques, quelque
nom qu'on puiffe leur donner, au
nombre des poifons. On ne peut en
former l'étain, que les Anciens appel-
loient *Caffifteros*, &c. fans qu'il s'y
joigne beaucoup de phlogiftique.
D'ailleurs n'eût-on d'autre preuve de

la préfence du phlogiftique du plomb
que la facilité qu'a ce métail à fe fondre, facilité fi grande, qu'on peut au
plus petit feu de charbons le tirer des
pierres noires qui le portent, fon
phlogiftique étant en fi grande quantité, qu'il feroit facile de le réduire en
fcorie dans les flammes ; ç'en feroit
affez. Ainfi, fi un métail fe fond plus
ou moins facilement, il entre plus ou
moins de matiere inflammable dans
fa compofition, comme nous l'avons
fait voir ci-devant. On peut donc dire
que les métaux ont entr'eux une valeur relative, indépendante de celle
que l'opinion y a attachée, & qui dépend uniquement de l'union des principes qui conftituent les métaux. En
effet, plus les foffiles réfiftent au feu,
plus ils ont de folidité, de poliffure
& de belles couleurs, en conféquence
de la plus grande cohéfion de leurs
parties; & plus ceux qui penfent & qui
confultent moins les préjugés du vulgaire que la raifon, y attachent de
valeur. Ainfi le prix des métaux ne
dépend point de leur rareté ou de leur
abondance ; mais c'eft d'après leur
pérennité déterminée qu'il faut les ap-

précier. C'eft-là pourquoi on regarde l'or, que le feu ne peut dompter, comme le premier des métaux. Vient enfuite l'argent que le feu nud ne peut pénétrer, à moins qu'on y joigne quelque diffolvant, tel que le plomb, le borax, & d'autres fels alkalis, qui diffoudent l'acide uni au phlogiftique. Le feu le pénetre néanmoins plus que l'or, & quoiqu'il ne puiffe le réduire immédiatement en chaux, il le rend cependant inégal & fragile; mais ce métail reprend bientôt fa folidité, fi on le fait fondre avec le plomb qui lui redonne tout le phlogiftique qu'il avoit perdu. Après l'argent vient le cuivre qui fe convertit d'autant plus difficilement en chaux qu'il renferme plus d'argent. Le feu fait plus promptement dégénerer le fer en rouille; & l'étain de même que le plomb ou le bifmuth ou le zinc, réfiftent moins que tous les autres métaux au feu; ils fe changent en chaux, ou ils dégénerent en cendre fine; c'eft là ce qui a lieu dans les demi-métaux. On peut donc déduire la plus ou moins grande réfif-tance des métaux au feu, du moins ou du plus de phlogiftique de ces mé-

taux ; c'eſt ce que nous avons démontré ci devant, en parlant de la réſiſtance des métaux au feu ; je n'entens
point parler ici de la difficulté ou de la
facilité qu'ont ces métaux à ſe fondre ;
mais c'eſt d'une pérennité, telle qu'ils
ſont plus ou moins faciles à convertir
en chaux, dont il eſt ici queſtion. En
effet, puiſque c'eſt d'une certaine diſ-
poſition des particules métalliques
qué dépend cette facilité, on auroit
tort de juger par là de leur prix ; car
ſur ce pied, il faudroit attacher une
plus grande valeur au fer qu'à l'argent
& au cuivre, puiſqu'il faut un plus
grand feu pour le mettre en fuſion,
que pour ces autres métaux. Or comme cette facilité & cette difficulté à ſe
fondre dépend uniquement de l'abondance ou de la diſette du phlogiſtique, de ſon mélange ou de ſon union
plus ou moins moins grande, il n'eſt
pas étonnant de voir les métaux perdre du degré de leur cohéſion par la
fuſion, comme on le voit dans le fer
fondu, à cauſe de la perte qu'ils font
de leur phlogiſtique, ou qu'ils diminuent en quantité, comme cela arrive dans le plomb & l'étain, qui plus

on les expose au feu & plus il s'en
fépare de terre vitrifiable , que le
phlogistique enchaînoit auparavant
avec les autres parties de ces métaux.
On peut dire aussi que la malléabilité
ou la ductilité des métaux dépend de
l'abondance & de l'union intime du
phlogistique avec leurs autres parties ,
en ce qu'il les contient si fermement
que soit qu'on les étende en long ou
en large , elles ne se féparent jamais ,
ou ne se rompent point. Mais lorsqu'il
s'agit de la réfiftance des métaux au
feu, on doit obferver qu'on n'entend
point parler d'une conftance telle qu'ils
ne donnent aucune prife aux flammes , qu'ils ne changent point de face lorfqu'on les a expofés au feu, mais
fimplement d'une condition qui les
fait s'oppofer plus ou moins à ce qu'ils
foient changés en chaux ; & nous
avons fait voir ci-deffus que cela dépend de l'abondance ou de la difette
du phlogistique. Refte donc préfentement à examiner dans quelle proportion le phlogistique doit être avec la
terre vitrifiable, pour qu'un corps foit
roide ou coulant. Il feroit trop long
d'examiner ici quelle eft la réfiftance

que les différens foffiles font au feu ; car
il faudroit entrer dans l'hiftoire des terres & des pierres calcaires , & difcuter
pourquoi certaines pierres parallelipi-
pedes, ou figurées en parallelogrames,
comme font les talcs & les autres pierres felénites , du nombre defquelles eft
l'abeftos ou l'amianthe , réfiftent plus
violemment au feu , & ne fe laiffent
point réduire facilement en chaux.
Mais comme nous fommes obligés de
nous renfermer ici dans des bornes
plus étroites , nous ne nous arrêterons
qu'à examiner pourquoi les métaux &
les corps métalliques ont plus ou moins
de facilité à fe fondre , par rapport
au phlogiftique qu'ils renferment ? ce
que *Becker* & *Henckel* ont dit de l'arfénic regarde en partie le phlogiftique ;
& fon excès ou fon défaut vicie les métaux au point qu'on ne peut les remet-
tre en bon état que par le moyen de
l'art de la métallique ; car non feulement
le défaut de phlogiftique rend les veines métalliques dures & peu traitables
au feu , fi bien que pour les fondre il
faut y ajouter du phlogiftique , telles
que font les pyrites ; mais encore l'excès
du phlogiftique , qui n'eft jamais feul ,

& se trouve toujours fort uni avec l'acide, empêche les métaux de se fondre ; car on sçait qu'il est des veines métalliques que l'on doit faire brûler avant que de tenter à les fondre, ou bien leur ôter leur arsénic ou leur phlogistique rempli d'acide, par le moyen de forts alkalis, afin que sans perdre de temps on puisse tirer les métaux de leurs pierres, & qu'exempts de tous défauts ils puissent prendre la forme qu'ils doivent avoir. La théorie de *Becker* qui détermine le degré de consistence des métaux, par le plus ou moins d'arsénic qu'ils renferment, cadre avec celle de *Stahl* qui la déduit du pholgistique. Le premier par son arsénic entend le phlogistique, le second dans le terme de phlogistique, comprend l'acide qui en est inséparable, en ce qu'il agit avec une modération convenable & proportionnée, tout de même que s'il étoit nud; & lorsqu'il se trouve dans quelque chose de glutineux, il ne détruit pas tant les corps, il les affermit au contraire suivant des loix d'adhésion, qui sont telles, que les liquides spécifiquement plus pésans s'attachent au solides spécifiquement plus legers. Enfin ceux qui avec *Defcartes* veulent imaginer des hameçons, des ongles, des tenailles, & des formes telles qu'elles puiffent être, qui rendent l'arfénic capable d'unir les parties métalliques, veulent abonder dans leur propre fens, n'y ayant aucune obfervation ni aucune expérience fur lefquelles ils puiffent appuyer leur opinion.

Après avoir développé le principe d'union des métaux, on pourroit demander fi on ne pourroit pas faire des métaux artificiels en uniffant des particules terreufes, de falines & de fulphureufes ? Mais que ceux qui fe flattent d'y arriver, en font éloignés, cela ne fe pouvant faire qu'on ne trouve, qu'on n'arrange, & qu'on n'uniffe les principes connus de quelque métal, comme ils font dans ce métal ? Ainfi ces métaux artificiels ont plus exifté dans l'imagination, qu'il ne s'en eft fait ; car connoît-t-on le degré de cohéfion de chaque métal ? quel eft le degré de feu fouterrein qui a cuit les métaux & en a réuni les principes, pour que l'art les puiffe imiter ? C'eft cette vaine confiance qui a jetté, &

qui jette encore les adeptes dans une infinité d'erreurs. Apparemment que l'Auteur de la Nature n'a donné de lumiere à l'homme que ce qu'il lui en falloit pour découvrir les élémens des corps, sans qu'il ait voulu leur faire connoître s'il est possible que l'art puisse en fabriquer de semblables.

EXTRAIT d'une autre *Disserta-*
tion du même Auteur fur le phlogif-
tique animal.

NOUS avons fait voir qu'il fe trouvoit du phlogiftique dans tous les
corps métalliques ; il feroit inutile de
nous arrêter à en prouver l'exiftence
dans tout le regne végétal. Il s'y manifefte trop clairement pour le révoquer en doute. Il ne s'agira donc ici
que de l'examen du phlogiftique animal.

Ce feu des animaux , cette lumiere
des corps animés , fe prend en deux
fens différens ; on le dit d'abord d'un
fluide automatique qui fe meut de lui-
même , qui fe forme de la tiffure des
parties inflammables les plus petites
& les plus fubtiles , que la raifon ne
peut atteindre , à moins de donner
dans la fiction ; c'eft l'efprit , le moteur de toutes les parties des corps
animés. En fecond lieu , on le prend
pour un feu méchanique qui tombe
fous les fens, un peu plus mêlé , &c. ;
c'eft la chaleur. En effet, les humeurs

s'échauffent quoiqu'il n'y ait plus d'esprits, comme cela s'obferve dans la paralyfie.

Il y a donc dans les animaux un feu élémentaire ; ce qui le confirme c'eft qu'il fort par les pores infenfibles de la peau, s'unit aux autres phlogiftiques qui font dans l'atmofphere, & que fitôt qu'il rencontre avec eux quelque porte-feu, il s'enflamme & devient feu matériel. Ce qui prouve plus qu'il n'eft néceffaire l'exiftence du principe phlogiftique dans les animaux, c'eft cette inflammation en feu matériel, fitôt qu'emporté par un tourbillon plus rapide & plus vîte excité dans les autres objets, il eft mis dans un mouvement plus prompt, & prend la nature du feu matériel. D'ailleurs on n'ignore pas que les Anciens & les Modernes ont fçu par leurs expériences tirer du feu des corps animés. Ils ont vû briller ces feux animés. C'eft ce que *Thomas Bartholin* a mis hors de doute dans fon Traité de la Lumiere de l'Homme & des Brutes. Avec une légere agitation on eft venu à bout de faire facilement fortir un phofphore des œufs des volatiles, des lézards, des serpens ; de tirer des étincelles des cheveux de certains hommes, de la peau des animaux. Ces faits sont trop connus pour nous y arrêter ici.

L'Electricité est un des moyens les plus sensibles qu'on ait pu trouver pour prouver l'existence du phlogistique dans les hommes vivans, puisqu'on est venu à bout de faire, par ce moyen, sortir des corps, tant vivans que morts, des exhalaisons phlogistiques enflammées. On a même de plus découvert que ces exhalaisons, non seulement étoient lumineuses, mais encore qu'elles pouvoient enflammer les fluides inflammables qu'on y expose. D'où il paroît manifestement que le concours de deux choses dont l'une est un liquide igné, & l'autre peut enflammer & nourrir la flamme, développe une flamme vive. En effet, personne ne doute que ce qui s'enflamme dans ces expériences ne provienne de l'homme, & qu'il n'est que des corps munis de phlogistique qui puissent fournir ces étincelles ; c'est ce qui devient très-clair, si on fait attention que ce feu électrique que l'on tire du corps des hommes diffère suivant les différens sujets. Il s'en trouve en effet qui en fourniffent beaucoup, & d'autres une très-petite quantité. Les uns le jettent blanc; d'autres-jaune; ceux-ci bleu pers; ceux-là d'une autre couleur. Voyez tout ce qu'en ont dit ceux qui ont traité de l'Electricité. D'ailleurs la chaleur vitale feule des animaux ne fuffit-elle pas pour faire voir qu'ils renferment quelque chofe d'igné, puifque la vie en dépend inféparablement, & qu'elle en fait le prix, la vie confiftant dans une circulation perpétuelle, qui fuppofe toujours la chaleur pour moteur. Cette chaleur fe mêle partout dans les fluides pour les empêcher de fe réunir, & de s'épaiffir en une maffe qui feroit trop de réfiftance. Cette chaleur vitale eft donc l'effet d'une matiere qui tournoye quelquefois autour d'elle-même d'un mouvement vîte de tourbillon, c'eft-à-dire, du feu élémentaire dont nous avons donné l'idée peu auparavant; matiere qui agit fur les folides & les fluides, de façon qu'elle leur donne à tous le mouvement dont leur ftructure les rend fufceptibles. Tous les Phifiológifies la regardent comme un principe, & ils difent que ce feu eft l'ame de tous les mouvemens, foit que ce foit un automate qu'on doive rapporter aux efprits, foit qu'il foit un principe méchanique qui ne dépende que de l'action mutuelle des folides & des fluides.

Il feroit fort difficile de dire quelle eft la matiere de ce feu animal ; & quand nous parlons d'un certain phlogiftique automate exiftant dans les animaux, & renfermant en foi les raifons de fon mouvement ; certes nous n'entendons autre chofe qu'un efprit phyfique féparé dans la fubftance corticale du cerveau de la partie phlogiftique la plus active des alimens. Ne voyons nous pas effectivement que plus les alimens & les médicamens renferment en eux-mêmes de matiere igni-fere, plus ils approchent des efprits, les augmentent & les enflamment, à l'exemple du meilleur vin, des efprits chymiques & des huiles que l'on nomme éthérées ; à caufe de leur grande activité, & de la faculté qu'elles ont de nourrir le feu. Cependant quoique nous ne fachions

rien

rien de la fabrique & de la tiſſure des
eſprits qui puiſſent les faire dire d'une
nature ignée, excepté ce que nous en
apprennent clairement les effets qu'ils
produiſent & la matiere d'où ils pro-
viennent;ces effets font aſſez voir cette
grande puiſſance d'agir qu'ont ces eſprits pour pouvoir leur donner le nom
d'ignés, puiſqu'en effet c'eſt de leur
préſence continuelle que dépend la
chaleur,& que les parties paroiſſent ſe
refroidir lorſqu'ils s'en retirent. Si
cependant quelqu'un vouloit remon-
ter à leur eſſence, & diſputer à ces
eſprits le titre d'ignés, les phénomenes feroient alors parfaitement voir
leur tiſſure en les manifeſtant comme
phlogiſtique. Ils ſont en effet compo-
ſés de molécules très-ſubtiles, très-
étroitement cohérentes, qui provien-
nent de la partie éthérée du ſang. Or
tout ce qui eſt ſi mobile qu'on ne peut
le contenir dans des bornes, eſt feu.
Dans ce cas il eſt bon d'avoir recours
à la nature de l'éther, pour expliquer
ces phénemones ; & en effet nous
ſçavons que ſitôt qu'il eſt dépouillé
de tout le fluide de l'air qui l'enveloppe, il rayonne, il brûle, il ſul-

mine. C'eſt ce dont on s'eſt aſſuré par des expériences faites avec la machine pneumatique ; c'eſt ce que nous apprend la maniere dont les nuages ſe forment. C'eſt là pourquoi *Hippocrate* a indiqué par un terme très-convenable tous les eſprits ſous le nom d'êtres, qui donnent le branle & la ſecouſſe à toutes les autres parties.

Il ſe trouve dans les corps animés une autre matiere ; quoiqu'elle ne renferme en elle aucun moteur, & qu'elle ſoit mue ſuivant les mêmes loix que tous les autres fluides, elle peut néanmoins, lorſqu'elle eſt mue, s'échauffer de façon qu'elle acquiert la nature d'un feu au-deſſous de l'ébullition & de la chaleur qu'il faut pour couver les œufs. Nous avons nommé ce feu méchanique, parce qu'il dépend du frottement, & quelquefois du combat des ſels dans l'état de maladie. Ce feu peut, de même que le vital, augmenter & fortifier les mouvemens, puiſqu'il réſulte d'une rotation déterminée des molécules ſanguines. Il y a en effet dans le ſang différens élémens meſlés aux humeurs vitales ; ces élémens s'enflamment plus

facilément que le refte,& peuvent conféquemment porter le titre de phlogiftique animal ; nous entendons parler
de ces élémens qui ont quelque rapport avec le phlogiftique des autres
regnes de la nature , du végétal & du
minéral. Si bien que les Chymiftes ne
fe font pas tout-à-fait trompés en ce
fens, en rapportant le fel & le foufre,qui eft inflammable d'une certaine
façon , aux principes des corps animés. Quant aux fels , les Phifiologif-
tes en ont fi bien fait voir l'exiftence
dans les humeurs vitales , que nous
pouvons préfentement les regarder
comme un principe des humeurs. L'alkali volatil des humeurs fait furtout
voir les femences du feu;c'eft ce qu'annonce affez le phofphore animal de
Boyle & des autres. Or, quoique le
foufre, en tant qu'il réfulte de l'affem-
blage de l'acide & du phlogiftique ,
ne fe trouve point dans nos humeurs ;
néanmoins comme c'eft l'ordinaire de
rapporter au foufre tout ce qui eft
inflammable , quoique dépouillé d'a-
cide , à l'exemple du fuccin , rien
n'empêche qu'on ne donne le même
nom aux parties graffes difperfées

dans les humeurs des animaux.

•Les sels de différent genre sont par leur mouvement la cause de la chaleur, ce qui ne peut arriver sans que la partie inflammable qui leur est unie ne s'échauffe. Ceux qui prétendent expliquer les phénomenes de la vie par le combat des sels, comme le faisoit *Tachenius*, croyent que cela peut avoir lieu dans les animaux. Leur opinion n'est pas sans fondement, si les sels contraires, savoir l'acide & l'alkali, concourent dans le sang, puisque ces sels doivent dans leur conflit produire leurs effets ordinaires dans quelqu'endroit que ce puisse être. *Willis, Sylvius,* & tous les Sectateurs de *Tachenius,* regardoient comme la cause & la raison de la chaleur vitale, le conflit & le combat mutuel des sels, & ils ne manquoit pas de raisons pourquoi cela devoit être. En effet, quoiqu'il ne puisse y avoir de conflit entre les sels contraires dans l'homme en santé, dans lequel tout doit être tranquille, il est cependant des cas dans lesquels ce conflit peut avoir lieu. D'ailleurs, tous les sels volatils spécifiquement plus légers que toutes les

autres molécules du fang avec lefquelles elles font mêlées, fuient continuellement le repos, tendent continuellement au mouvement, & doivent
conféquemment caufer de la chaleur.
Les analyfes chymiques, & ce qui
fort des corps animés, ont fait voir bien
clairement ces fels volatils. L'urine,
par exemple, & la fueur font affez
voir qu'elles ont un fel alkali volatil,
en faifant fur les couleurs le même
changement qu'y produifent les alkalis, &c. Mais ces fels volatils produifent
encore bien plus de chaleur lorfqu'ils
font unis à quelqu'être qui en eft fufceptible, & capable de l'entretenir.
En effet, nous favons que les fels volatils ont une enveloppe graffe qui eft
par fa nature un porte-feu, & capable de s'enflammer ; que c'eft fous cette enveloppe que ces fels font cachés ;
c'eft ce qu'infinuent affez la généra-
tion des fels volatils, & leur affinité
avec les huiles empyreumatiques.

On ne découvre jamais de fels volatils dégagés dans le corps humain,
tant qu'il eft dans fon état naturel, &
que toutes les parties homogenes font
en équilibre, parce que s'ils étoient

abandonnés à eux-mêmes, ils ne le laifferoient point en repos. Le principe volatil actif étant donc toujours enchaîné par le fang qui lui fert d'enveloppe, & qui lui eft intimement uni comme le fait voir clairement le phofphore que l'on tire non feulement des urines, mais encore des excrémens, & même de toute parties animale, tant folide que fluide; c'eft donc l'union des fel volatils & des graiffes qui en elles-mêmes & de leur nature font un pyrophore, qui eft la caufe matérielle de la chaleur, moyennant les fecouffes & le mouvement vital.

Quelques-uns penfent que la chaleur animale eft une fuite de la fermentation; car, difent-ils, l'union des huiles éthérées avec les acides végétaux donne de la chaleur, au moyen de laquelle il fe développe un fluide fufceptible du feu, c'eft-à-dire, un efprit ardent; mais comme il y a de même dans les corps animés des huiles éthérées & un acide, on peut donc expliquer la nature de la chaleur animale par l'action de la fermentation. Or, comme les liqueurs s'échauffent en

fermentant, il paroît que cela peut
aussi avoir lieu dans le corps humain,
surtout y ayant dans toutes les parties
une matiere susceptible de fermentation , puisqu'il se nourrit ou de végétaux qui sont capables de fermentation, ou d'animaux qui sont des produits des végétaux. Quelqu'apparence de vérité qu'il y ait dans tout ceci ,
je pense que la chaleur animale ne peut
assez bien s'expliquer par la fermentation , parce que tout végétal
se dépouille de son caractère dès les
premieres voies, en se mêlant avec les
humeurs animales & les autres qui s'y
rencontrent , & qu'en conséquence il
n'a plus d'aptitude pour commencer ,
continuer & achever la fermentation.
Ce n'est pas là en effet un endroit où
la fermentation puisse avoir lieu , le
cours rapide des humeurs n'y laissant
rien en repos pour y pouvoir fermenter , & rien ne fermentant qu'il
ne soit en repos. D'ailleurs, il ne s'y
trouve pas d'air nécessaire & propre
pour la fermentation. Mais puisque
les humeurs ne peuvent fermenter ,
parce qu'elles circulent , ce mouvement intestin ne pourra donc être

ni en santé ni en maladie la cause de la chaleur vitale ; & conséquemment il doit y avoir une autre cause qui échauffe le phlogistique animal.

La chaleur vitale sera encore bien moins le produit de la putréfaction. En effet, quoique nous regardions dans certains cas la pourriture comme cause d'une chaleur préternaturelle, quoique la pourriture, telle qu'elle soit, puisse entraîner la matiere inflammable dans un mouvement de tourbillon, où l'échauffer ; que le fumier & le foin s'enflamment d'eux-mêmes ; qu'il se présente quantité d'autres phénomenes de cette espece ; toutes ces merveilles n'expliquent rien dans le cas présent, vu que le conflit qui arrive par la résolution des principes dans des corps qui n'ont pas de mouvement vital, ne sauroit avoir lieu dans les corps vivans pour les mêmes raisons qui s'opposent à la fermentation dans ces corps. Or il ne peut certainement y avoir rien de semblable qui puisse produire la chaleur naturelle dans les animaux, quoique peut-être il puisse s'y faire quelqu'espece de fermentation, comme nous le dirons plus bas par l'augmentation du frottement.

Ce n'eſt donc par aucun moyen chymique que la chaleur animale commence, ſe ſoutient, s'augmente & ſe change de différentes manieres ; c'eſt par le frottement ſeul, & la force du cœur & des arteres, qui, capable qu'elle eſt de faire ſéparer dans le cerveau le phlogiſtique automate ou les eſprits animaux, développe en feu élémentaire les parties du ſang propres à s'enflammer. En effet, ne voit-on pas dans les expériences chymiques les huiles végétales & animales jetter par le frottement une flamme vive ; le mouvement des arteres pourra donc de même entraîner dans un mouvement de tourbillon les parties qui renferment le principe inflammable dans les animaux. Parconſéquent ſi nous regardons le corps animal vivant comme une machine dans laquelle les humeurs circulent continuellement, on verra facilement que c'eſt dans le frottement ſeul que conſiſte la chaleur, parce que c'eſt par cette action que les ſucs vitaux gras ſont changés de maniere à devenir propres aux mouvemens de tourbillon les plus prompts.

d v,

& les plus accelérés. Or c'eſt dans ces
mouvemens que conſiſte la chaleur.
Donc, &c. ainſi les humeurs, outre
les autres vertus & qualités, n'ac-
quérant leur chaleur vitale qu'après
de fréquentes circulations, il eſt manifeſte que cet effet n'a pas d'autre cauſe que celle qui augmente les mouvemens de tourbillon de la matiere, &
que tout revient à ce mêlange intime
qui fait que les ſucs nourriciers s'aſ-
ſujettiſſent les uns aux autres, paſſent
par tous les viſceres qui changent les
humeurs, y acquierent les qualités vitales que ces viſceres doivent leur communiquer par leurs actions mutuelles
& s'y échauffent avec eux, parce que
c'eſt là l'effet du phlogiſtique animal.

Or comme toutes les humeurs,
telles qu'elles ſoient, ou circulantes,
ou renfermées dans des cavités, ou
ſéparées des corps, s'échauffent in-
diſtinctement, elles doivent renfermer une matiere qui ſoit capable de
produire & d'entretenir cette chaleur.
Elles s'échauffent en effet toutes également, ſi bien qu'aucunes de leurs
molécules n'eſt ni plus tiéde ni plus
chaude que l'autre ; & ſi on le ſçavoit

d'ailleurs, on appercevroit que cela
doit être, puifqu'elles font toutes
pouflées d'un même mouvement de
circulation, qu'elles font toutes mêlées enfemble, que leurs particules,
tant qu'elles font affujetties à l'action
des vaiffeaux & du cœur, tournent
fur elle-mêmes, fur leurs axes & autour des particules qui leur font unies
& qui entrent dans la compofition du
même mixte. Il n'eft point de molécules particulieres & différentes des
autres dans lefquelles la chaleur foit,
pour ainfi dire, incorporée ; toutes
piroüettent fur leurs axes tant qu'il y
a de la chaleur, fe jettent fur celles
qui font plus pefantes, font brifées
par ce moyen de plus en plus, &
enfin s'échauffent. Pendant que tout
ce paffe ainfi, quelques-unes de toutes les parties qui conftituent le fang
& qui le font ce qu'il eft, des efprits, par exemple, qui fe tranfportent
de temps en temps par les nerfs,
ou qui fe détachent des alimens mêmes, des fels volatils huileux, des
particules aqueufes & terreufes ; quelques-unes de ces parties, dis-je, font
plus propres que toutes les autres à y

d vj

exciter de la chaleur, fuivant qu'elles font plus capables & plus fufceptibles d'un mouvement de tourbillon plus accéléré. Nous ne nous arrêterons pas plus longtems ici aux efprits; on fçait affez que ce font des êtres fubtils de leur nature, fort légers, qui font agités fur eux-mêmes d'un mouvement violent de tourbillon ; c'eft le feu élémentaire lui-même ; leur action feule fur les fluides peut, fans aucun concours de matiere, fuffir pour produire & exciter la chaleur, c'eft-à-dire, leur inflû fur les parties fluides & folides, fuffit pour cet effet qu'ils occafionnent en fe perdant, pour ainfi dire, dans une maffe inerte ; cette liqueur vive, ce vrai feu élémentaire pouvant pénétrer tous les liquides & les fondre. Mais comme il n'y a point d'action fimple dans les corps animés, que les efprits ne font pas les feuls auteurs de la chaleur, qu'ils ne peuvent feuls mouvoir les humeurs fi elles n'étoient pas elles-mêmes fufceptibles de ce mouvement & que toute chaleur reconnoît pour fa caufe efficiente & premiere les efprits animaux qui fe mêlent au refte

des fluides vitaux ; cependant les autres molécules du fang , ou quelques-
unes d'entr'elles font plus particulié-
rement la caufe de la chaleur , en ce
qu'abandonnées à elles - mêmes , &
fans avoir aucun égard aux efprits ,
elles peuvent s'enflammer par le mouvement feul , comme nous le voyons
arriver à des fucs renfermés dans
certaines parties qui font, pour ainfi
dire , fans nerfs. Tel eft la graiffe &
la moëlle des os qui s'enflamment plus
volontiers à caufe de leur tiffure graffe que par la quantité d'efprits qui s'y
rend , vu que les nerfs qui s'y diftri-
buent font forts petits. C'eft ainfi que
le fang des paralytiques , quoique
privé d'efprits dans la partie affectée ,
ne laiffe pas que d'être chaud ; & quoique cet exémple ne paroiffe rien prouver , dans le cas préfent , où il n'eft
queftion que de l'état naturel , il confirme néanmoins en général ce que
j'avance fur la chaleur qui peut avoir
lieu fans le concours des efprits animaux ; il prouve par conféquent
qu'il y a quelque phlogiftique animal
différent des efprits animaux qui s'é-
chauffe de lui-même lorfqu'il y a du
mouvement.

Sans qu'il soit donc ici question des esprits animaux, la graisse qui est fort unie au sel volatil est l'élément du sang le plus susceptible de chaleur, & nous avons fait voir que ce n'étoit que par abstraction qu'on pouvoit considérer ces deux principes séparément, puisqu'ils sont effectivement toujours unis dans le sang. Les sels volatils sont donc quelquefois cause de la chaleur, en ce qu'ils sont inhérens à la graisse qui est une humeur fort susceptible de s'enflammer. C'est de leur union intime avec cette graisse, ou cette substance huileuse, que résulte la partie rouge du sang, que je regarde comme plus remplie de phlogistique, parce qu'elle a plus de matiere propre à nourrir la flamme, & qu'elle est la seule de toutes qui puisse avoir & entretenir en elle-même la cause méchanique de la chaleur, c'est-à-dire, le mouvement & le frottement. Or, il doit y avoir entre les différentes substances ausquelles le mouvement peut donner de la chaleur, une certaine résistance, une certaine opposition, puisque celles qui cedent facilement, comme le *serum*, ne peu-

vent s'enflammer d'elles-mêmes, &
qu'elles empruntent d'ailleurs la chaleur qu'elles ont. La partie rouge du
sang pouvant soutenir plus efficacement que les autres l'impression de ses
vaisseaux, elle peut aussi plus que les autres exciter le feu vital. Ce phlogistique vital se trouve donc principalement dans la partie rouge & solide
du sang, quoique sa partie la plus fluide, qu'on appelle *serum* & *lymphe*,
qui n'est pas absolument dépouillée
d'huile & de sels, ne soit pas par cela
même aussi susceptible de chaleur.

Mais pour entrer dans un examen
plus particulier du phlogistique animal, voyons quelles sont celles de toutes les particules constituantes du sang
qui sont les plus susceptibles de chaleur & les plus capables de l'entretenir. Ce sont sans doute les sels volatils enveloppés par des substances
grasses ; ces sels ne pouvant naturellement être contraints dans des bornes
étroites, cherchent toujours à rompre les liens qui les y assujetissent ; sitôt donc que le mouvement vient à
occasionner quelque frottement, ils
se débarrassent sur le champ, & libres

qu'ils font, ils agiſſent, ils percent, &
par cela même ils augmentent le mouvement inteſtin du ſang ; or c'eſt dans
cette augmentation que conſiſte principalement la chaleur. En effet, quoiqu'il ſe trouve dans le ſang une certaine quantité de ſels alkalis fixes
& un acide, ils ne peuvent cependant concourir en rien au mouvement de tourbillon du ſang , & c'eſt
dans ce mouvement que la chaleur
conſiſte ; par conſéquent ils ne parti-
cipent en rien des phlogiſtiques animaux, quoique les alkalis fixes de
leur nature tendent par eux - mêmes
au repos & que les acides ne puiſſent
arriver purs dans le ſang ; lors même
qu'ils viennent à y paſſer ils mettent
ſur le champ les humeurs en repos,
les fixent, aſſoupiſſent, empêchent
& calment les mouvemens intérieurs ;
eſt ce que nous apprennent aſſez la
matiere médicale & la ſcience des
effets des médicamens qui nous font
voir que tous les acides ſont anti-
phlogiſtiques, parce que nous pouvons par leur moyen calmer les mouvemens de chaleur plutôt que de les
augmenter. Suppoſé donc que par

quelque moyen que ce pût être, les
acides végétaux puſſent entrer dans le
ſang & en augmenter le phlogiſtique,
en ce que l'acide s'attache facilement à la graiſſe, cela ne peut mieux
ſe faire que par le moyen du chyle.
En effet, l'acide végétal qui s'unit à
l'huile éthérée végétale par le moyen
de la fermentation, & s'y incorpo-
re, pour ainſi dire, augmente manifeſtement les parties inflammables du
ſang, puiſque ſi on en prend une trop
grande quantité lorſqu'il ſe trouve
de ſels volatils, il cauſe de grande
chaleurs en enflammant toute la maſſe
du ſang : nous nommons donc *phlogiſtique* tout ce qui eſt gras, dans quelque regne de la nature que ce puiſſe
être, parce qu'il s'attache facilement au
feu : c'eſt-à-dire, le chyle & la lymphe
travaillées dans les meilleurs viſcères,
& purifiées en paſſant fréquemment
par les grandes conglobées ; car
on peut regarder ces humeurs comme graſſes quoiqu'elles ſoient l'une &
l'autre ſpécifiquement plus légeres que
l'eau, & que l'expérience journaliere
nous faſſe voir qu'elles ne peuvent s'y
unir, & qu'elles y ſurnagent ſous la for-

me de perles ; or il y a dans le fang une grande quantité de cette matiere phlogiftique parce que la graiffe qui en fort tous les jours , & qui y rentre, c'eft-à-dire, cette fubftance oléagineufe qui eft nichée partout dans les cellules adipeufes en peut fervir d'exemple. D'où il arrive que les perfonnes qui font replettes, & qui ont une trop grande quantité de fang, quoique bon, font facilement expofées, foit naturellement, foit à la fuite de quelqu'exercice violent à quelqu'effervefcence dans le fang, tel bien conftituées qu'elles puiffent être d'ailleurs. Rien de plus connu que tout ce qui eft gras eft phlogiftique de fa nature, & peut de lui-même, ou par putréfaction, jetter flamme, ou la nourrir & l'entretenir. Du refte , ce phlogiftique animal a tant de rapport avec le phlogiftique minéral , qu'il fert facilement de lien aux principes métalliques. En effet, fi nous voulons donner une forme réguline aux cendres des métaux & des demi-métaux, il eft affez indifférent de quel phlogiftique on fe ferve pour réunir ces parties ; le lard, le fuif & les autres graiffes animales produifent en ce cas le même effet que la pouffiere de charbon & la réfine.

La bile eft fans doute une des humeurs vitales qui renferme du feu, puifqu'elle a en elle-même toutes les facultés du phlogiftique. En effet, en fe mêlant peu à peu avec le chyle, & en paffant avec lui dans le fang, elle en unit les parties, & les lie de la même maniere que les phlogiftiques métalliques fervent de moyen d'union aux terres qui compofent les métaux. Or de tous les ufages de la bile nous devons, préférablement à tout, faire attention à l'ufage fingulier qu'elle a de combiner avec les molécules terreufes & falines les autres particules graffes du fang en s'y uniffant; car fi c'eft par défaut qu'elle pêche, il n'eft pas rare qu'il s'enfuive hydropifie, parce qu'alors il n'y a plus de moyen d'union pour affocier enfemble & mêler avec les autres les parties fimilaires du fang. Or comme la bile a la faculté d'unir les particules hétérogènes, elle tient conféquemment de la nature du phlogiftique, ayant d'ailleurs tous les autres attributs de ce principe inflammable; puifque nous fçavons par ex-

périence , lorsqu'elle eſt médiocre-
ment deſſechée & endurcie , qu'elle
nourrit le feu , qu'elle devient pyrophore & que même elle s'échauffe vivement ſi elle vient à ſe pourrir. Lors
donc que la bile eſt mêlée dans le ſang,
elle doit par deux raiſons produire la
chaleur naturelle , c'eſt-à-dire, par le
frottement lorſqu'elle s'échauffe , &
par ſon âcreté en excitant les filets
nerveux du cœur & les parois des
vaiſſeaux à de plus fréquentes & à de
plus vives contractions , ce qui produit en conſéquence du frottement.

Cette matiere phlogiſtique qui s'é-
chauffe par le frottement que produit
la force du cœur eſt en quelque façon
formée avec l'homme même. En effet,
il y a quelquefois une grande quantité de ſang de bonne qualité qui pêche même par ſa trop grande bonté,
& c'eſt là le cas où un frottement mé-
diocre peut l'enflammer ; d'autrefois
il s'engendre dans le corps une certaine matiere, élémentaire, graſſe véro-
lique , morbilacée , qui ſe développe
peu à peu , & qui ne ſe manifeſte qu'à
la ſuite de ſon développement pendant lequel elle s'échauffe, ſe gonfle,

ſe pourrit par la chaleur, & en arrivant au cœur toute pourrie qu'elle eſt; elle eſt, pour ainſi dire, chaſſée au dehors par le picotement qu'elle excite.

Il ſe produit auſſi naturellement des ſels, ſans avoir égard aux cauſes extérieures; en effet quelque bon régime de vivre que l'on puiſſe obſerver, le frottement fait quelquefois développer un ſel alkali volatil, & les actions continuelles font que quelque partie du ſang, ſurtout celle qui eſt graſſe, s'alkaliſe & dégénere en une matiere phlogiſtique; la lymphe qui doit par fois ſe mêler au ſang n'eſt pas telle quelle puiſſe le renouveller & l'empêcher de s'alkaliſer; d'où il arrive que les différens vices des viſceres & des glandes peuvent ſemblablement produire les fiévres, parce qu'ils donnent lieu à une pourriture inflammable, c'eſt-à-dire, à la production du pus, & qu'ils ne travaillent point la lymphe propre à diſſoudre les âcretés. C'eſt ce qui fait que le ſang le mieux conſtitué, une fois que les parties humides les plus fines en ſont exhalées, peut s'épaiſſir au point que

ne pouvant paſſer par les plus petits
vaiſſeaux & les viſceres, il eſt plus facilement expoſé au frottement, &
qu'il s'échauffe en conſéquence. Le
phlegme même que *Galien* prend pour
la pituite que l'on regarde comme une
matiere lente & inerte, a ſuivant *Hippocrate*, une faculté ignée. C'eſt ce
que font d'ailleurs aſſez voir les phénomenes qui s'obſervent dans le ſang
de ceux qui ont la fievre ; on le voit
effectivement blanchir ce ſang tiré
pendant l'ardeur de la fievre, former ſur la ſurface cette croute inflam-
matoire, & ſe rétablir dans ſon état
naturel une fois que la fiévre eſt paſ-
ſée ; ce qui prouve manifeſtement que
ce phlegme a été le vrai phlogiſtique
fébrile que le frottement a preſque
changé en feu élémentaire.

S'il arrive de même que ce qui devoit ſortir par les excrétions reſte ;
alors comme la maſſe de la peſanteur
& du volume eſt augmentée, le phlogiſtique augmente auſſi, parce qu'il y
a une plus grande quantité de points
de contact entre les particules qui s'é-
chauffent facilement par le frottement.
Non-ſeulement la ſuppreſſion des ex-

crétions qui doivent nécessairement avoir lieu dans les personnes en santé, augmentent le phlogistique du sang, mais même les excretions qui sé font pendant les maladies, venant à être supprimées, le sang est chargé de ces matieres inflammables que la nature avoit tenté de chasser sans qu'elle ait pu y réussirr. En effet, lorsque les ex-crétions salutaires sont arrêtées, les fiévres deviennent ordinairement plus considérables & plus aigues. Quant aux métastáses, si la matiere vient à en rétrograder dans le sang, elle en aug-mente le phlogistique, la fievre de-vient aussi plus considérable, parce que toute la matiere pourrie hors du torrent de la circulation, venant à y rentrer, est de sa nature très-propre à s'échauffer.

La bile, qui est une humeur du sang qui passe dans un réservoir, à la nature du phlogistique, si elle rentre en trop grande quantité dans le sang ; elle s'échauffe d'autant plus qu'elle est plus âcre, surtout si elle concourt avec l'aci-de, ce qui produit l'attra-bile dont il a été tant parlé dans l'ancienne éco-le, & qui est la plus efficace pour produire les inflammations d'un plus mauvais caractere. Enfin, toute pourriture qui se forme dans les cavités des corps, venant à rentrer dans le sang, peuvent, & ont même coutume d'augmenter & d'exciter la fievre. Tout pus donc qui ne peut être chassé, ou qui n'a pas été assez tôt tiré des abcès, ou qui a été repoussé dans le sang, étant de sa nature propre à s'enflammer & à entretenir la flamme, excite les fievres lentes & hectiques, dans lesquelles on ne sent pas beaucoup de chaleur, à cause de l'engourdissement du principe moteur dont la langueur fait qu'il ne peut y avoir un frottement aussi fort que le demande la fievre qui revient promptement à son temps marqué. C'est ainsi que les vieux ulceres des extremités dessechés subitement, les ulceres fistuleux de l'anus bouchés, ceux des poumons & des autres visceres, les empyemes & les autres foyers cachés du pus, qui apportent avec eux la matiere phlogistique, & qui par cela même occasionnent une chaleur préternaturelle, produisent des fievres qui minent & détruisent les corps. Outre les deux espece de phlogistique

dont

dont nous venons de parler , le corps
en reçoit d'ailleurs d'étrangers tel que
font tous les alimens gras , de bonne
digeftion, huileux, aromatiques , & en
général de tous ceux que l'on regarde
comme chauds , tels que font tous les
aromats & les remedes faits d'un
phlogiftique quelconque végétal &
animal. En effet, il eft étonnant combien ils peuvent augmenter cette partie inflammable du fang , & par là
donner lieu à des chaleurs préternatu-
relles ; car plus on a d'appétit pour
tous les alimens remplis de bon fucs,
plus on en abufe, fur tout encore lorfque la digeftion de tous ces alimens
fucculens ne fe fait pas bien , & plus
il fe forme dans le fang de cette matiere inflammable , ce qui donne néceffairement lieu aux ardeurs qui en
font les fuites ; de même que la plé-
thore eft toujours précédée d'une chaleur un peu plus forte que la vitale.
Ces ardeurs qui font produites par un
fang gras doivent être d'autant plus
vives & plus violentes qu'il fe trouve
une plus grande quantité de matiere
qui peut dégénerer en pourriture ; il
arrive auffi quelquefois, que les mo-

Tome II.   e

lécules phlogiftiques s'infinuent dans les pores abforbans de la peau : car nous ne pouvons tout-à fait nier que certaines maladies, furtout les contagieufes, fe communiquent par la peau, leurs effets fe manifeftant fur le champ par la plus grande chaleur que ces maladies occafionnent ; & que d'ailleurs ce qui s'exhale du corps de ceux qui font attaqués de fievre putride, & d'autres mixtes qui tombent en pourriture, en eft quelquefois la fource ; que même elles deviennent putrides, & par conféquent propres à exciter une plus grande chaleur & à l'entretenir. Ne voit-on pas que toutes ces exhalaifons putrides, de quelque fource quelles puiffent provenir, doivent être mifes au nombre de phlogiftiques, puifque qu'une fois, qu'elle viennent à pénétrer dans le fang à travers la peau & par d'autres voies, elles doivent s'unir à fon phlogiftique naturel, & y occafionner de plus grands mouvemens.

Préfentement, fi nous voulions avoir égard à toutes les autres caufes extraordinaires qui peuvent développer dans le corps une plus grande

quantité de phlogiſtique, nous ver-
rions que quoiqu'elles ne puiſſent en
produire, elles peuvent néanmoins ſi
bien changer celui qui ſe trouve naturellement dans le ſang, l'exalter &
le mêler, en même tems, qu'il occa-
ſionne plus dé chaleur. En effet, ſoit
que nous ayons égard aux affections
de l'eſprit, qui donnent ordinairement la fievre, ſoit que les excrétions
naturelles ſoient ſupprimées, ſoit qu'il
y ait quelque défaut dans le mouvement & le repos, toutes ces cauſes,
quoique ne portant dans le ſang aucunes matieres propres à former le
phlogiſtique, peuvent néanmoins exciter & prêter un plus grand mouvement à la matiere inflammable qui ſe
trouve naturellement dans le corps,
puiſque nous voyons le moindre dé-
rangement occaſionné par quelques
cauſes ſemblables, ſuivi de plus grandes chaleurs dans le corps, ce qui ſuppoſe néceſſairement un plus grand
mouvement de la matiere inflammable qui y eſt renfermée.

Différens mouvemens qui ſont les
ſuites de quelqu'irritation dans le
cerveau, nous apprennent que ce

principe moteur de notre corps le parcourt comme un éclair, & peut le diftendre confidérablement. Les phénomènes de la colere nous font voir d'ailleurs différens effets, qui font affez connoître que les efprits animaux agiffent dans le corps comme le feu, fi bien que fi toutes les caufes d'inflammabilités viennent à fe réunir, & que le phlogiftique, automate & le méchanique, tendent de concert à produire leurs effets, il n'eft pas étonnant qu'il s'engendre de vraie flamme dans le corps ; c'eft ce que confirment d'ailleurs les obfervations 33 & 77, de la premiere année des Ephémérides des Curieux de la Nature, &c. &c.

TRAITÉ
DU FEU.

DE M. BOERHAAVE.

*Pour servir de suite à ses Elémens
de Chymie.*

A force du Feu est si grande, ses effets sont si étendus, & s'operent d'une
maniere si surprenante,
qu'autrefois la Nation la plus sage le
regarda & l'adora comme un Dieu.
Les Perses éurent des Pyrées, ou des
temples consacrés au Feu, où ils brû-
loient des parfums en l'honneur de divers Dieux. Les Gaures d'aujourd'hui
conservent le Feu sacré dans leurs
temples ; mais c'est Dieu qu'ils ado-
rent devant le Feu comme vrai Sym-
bole de la Divinité. Quelques Chymistes, après en avoir connu la ver-

*La nature
du Feu est
très-singulie-
re.*

tu, ont foupçonné que ce n'étoit pas un Etre créé ; il y en a même eu de très-habiles parmi eux qui reconnoiffant que c'étoit à lui qu'ils devoient toute la fcience qu'ils avoient acquife, fe difoient Philofophes par le fecours du Feu, & ils ne croyoient pas qu'ils puffent fe donner un titre plus honorable. Entre toutes les propriétés furprenantes du Feu, il n'y en a aucune auffi admirable que celle-ci. Quoique le Feu foit l'auteur & la caufe principale de prefque tous les effets fenfibles, il eft cependant fi fubtil qu'il échappe aux recherches les plus tranfcendantes, & qu'il n'eft a la portée d'aucun de nos fens ; c'eft pour cela que bien des gens l'ont regardé comme un efprit, plutôt que comme un corps.

C'eft avec précaution qu'il faut chercher à le connoître.

Il eft par conféquent très-néceffaire d'être bien fur nos gardes pour ne pas nous tromper, lorfque nous cherchons à découvrir la nature d'un être auffi caché. Nous devons donc éviter ici foigneufement tout ce qui n'eft que de pure fpéculation ; il ne faut nous livrer à aucune hypotèfe, quelque vraifemblable qu'elle foit, ni ne nous atta-

cher au sentiment d'un autre, sans
l'avoir vérifié nous-même par des expériences, à moins que nous ne voulions
nous voir exposés à des doutes continuels. Si nous nous trompons dans
l'exposition de la nature du Feu,
notre erreur s'étendroit sur toutes les
branches de la Physique, & cela, parce que dans toutes les productions naturelles, le Feu, comme je l'ai déja remarqué, est toujours le principal agent.

Ceux donc qui cherchent à connoître la nature du feu doivent agir
comme s'ils n'en avoient aucune
idée, & oublier tout ce qu'ils ont crû
auparavant sur cette matiere. Il faut
qu'ils suivent ici la méthode analyti-
que des Géomètres, qui, pour parvenir à la connoissance d'une chose,
la supposent entierement inconnue,
& la désignent par une marque qui
ne signifie rien, sinon qu'ils sont dans
l'ignorance à son égard, qu'ils doivent travailler à la connoître ; pour
en venir à bout, ils ne font usage que
des propriétés qui se trouvent dans
cette chose inconnue, ou de ce qu'ils
ont démontré auparavant.

J'ose assurer que cette précaution

Il ne faut pas suivre ici d'hypotèse.

A ij

n'eſt nulle part plus néceſſaire qu'i-
ci, parce que les Elémens du Feu ſe
rencontrent par-tout ; ils ſe trouvent
dans l'or, qui eſt le plus ſolide des
corps connus, & dans le vuide parfait de Torricelli ; ils ſont également
diſtribués dans tous les corps & par
tout l'eſpace, comme cela paroîtra
évidemment par ce que je dirai dans
la ſuite. De-là vient qu'il n'y a rien
de plus difficile en Phyſique que de
bien diſtinguer l'action particuliere
du Feu, d'avec celle des autres cauſes qui concourent avec lui à la production de quelque effet naturel ; &
cependant la Nature du Feu eſt fort
différente de celle de toutes ces autres cauſes ; on ne peut les confondre
ſans tomber dans un déſordre & un
embarras d'où l'on ne ſauroit ſe tirer.

Seconde diffi-
culté.   Il y a encore ici une difficulté auſſi
conſidérable que la précédente, qui
arrête les Phyſiciens dans leurs recherches ſur la nature du Feu ; c'eſt la ſubtilité des parties qui le compoſent. En
effet les parties du Feu ſont ſi fines,
& ſi petites, que non-ſeulement elles
ſurpaſſent à cet égard tout ce qu'on a
connu juſqu'à préſent, mais que mê-

me elles pénétrent dans les corps les
plus solides & les plus petits qui soient
jamais tombés sous nos sens. De là
vient que nous trouvons dans les Auteurs qui ont le plus travaillé à connoître le Feu, des sentimens si variés
& si absurdes sur sa nature. Les erreurs qui en ont été les suites, ne se
sont pas seulement répandues dans la
Chymie ou dans la Physique, elles
se sont fait sentir dans la Médecine
même : on s'en convaincra bientôt,
si on lit avec attention ce que les Médecins ont avancé sur la chaleur innée,
sur l'humide radical, & sur plusieurs
autres matières qui en dépendent. Supposons donc dans nos recherches sur
le Feu, que nous n'en avons aucune
connoissance, & faisons cette sup-
position, jusqu'à ce que nous ayons
découvert quelque chose de certain
sur sa nature.

Mais malgré les efforts que nous
ferons pour nous imaginer que nous
ne connoissons rien du Feu, nous ne
laisserons pas que de conserver au
moins l'idée de la marque par laquelle chacun reconnoît s'il y a du
Feu ou non, dans un endroit. Et

cela eſt néceſſaire, car il faut que cette
marque tombe ſous nos ſens, & que
nous nous accordions tous à la reconnoître ; autrement le mot de *Feu* ne
ſignifieroit rien du tout parmi ceux
qui parlent une même langue. Il en
eſt de même de tout autre choſe. Si
quelqu'un dit, par exemple, qu'il ne
ſçait pas ce que c'eſt que le Tonnerre,
qu'il n'y comprend rien ; il ne prétend
pas faire entendre qu'il n'en a abſolument aucune idée, & par le mot *Ton-*
nere, il ſe repréſente une choſe, dont
il ſçait au moins ceci ; c'eſt qu'il ſe
produit dans l'air, & qu'il y excite
un grand bruit ; ainſi en parlant du
Tonnerre, comme tous les autres
hommes, il attache à ce mot la même
idée qu'eux, & il le diſtingue aiſément de toute autre choſe. Il en eſt
de même du Feu ; les Sçavans comme les Ignorans, pourvû qu'ils parlent un même lengage, dès qu'ils en-
tendent prononcer le mot, *Feu*,
penſent auſſi-tôt à la même choſe ; s'il
en étoit autrement, ce mot pronon-
cé par quelqu'un, ne produiroit pas
plus d'effet ſur nous, que ſur un In-
dien ou ſur un Africain.

Toute la difficulté fe réduit donc à diftinguer un figne qui foit tellement particulier au Feu feul, qu'il ne puiffe lui être commun avec aucune autre chofe, & qu'ainfi dès qu'il a lieu dans un endroit, on foit affuré qu'il y a du Feu : autrement il nous laifferoit toujours incertains, & nous ne fçaurions laquelle des chofes aufquelles on peut l'appliquer, eft actuellement préfente.

Il n'eft pas moins néceffaire que ce figne foit fi inféparable du Feu, qu'il ne puiffe jamais fe faire qu'il y ait du Feu en quelque part, fans que ce figne s'y trouve auffi, & nous en avertiffe : & en effet, de quelle utilité nous feroit un figne, fi la chofe qu'il défigne, pouvoit fubfifter fans lui, & refter cachée ?

Enfin il faut abfolument que ce figne tombe fous nos fens, qu'il les affecte aifément, & qu'il indique clairement en quel dégré le Feu augmente, diminue ou fubfifte dans quelque efpace ou dans quelque Corps que ce foit. Si ces trois propriétés fe trouvent réunies dans un des fignes du Feu, nous pourrons nous fervir de ce figne pour ce que nous nous propofons.

A iiij

Si nous pouvons donc découvrir un signe qui soit accompagné des trois conditions dont nous venons de parler, nous pourrons alors, mais encore avec précaution, nous en servir comme d'un moyen pour faire des expériences physiques, qui nous conduiront à de nouvelles découvertes sur le Feu, qui restera toujours à la vérité, hors de la portée de nos sens, mais que nous saurons cependant être présent ; & nous aurons lieu d'espérer que notre travail ne sera pas sans succès, si nous dirigeons prudemment nos opérations dans la vue de découvrir quelque chose de ses propriétés cachées dans les corps où nous sommes assurés qu'il se trouve. Nous ne devrons pas non plus négliger les découvertes que le hazard nous procurera, & qui se présenteront d'elles-mêmes sans que nous nous y attendions. Les unes & les autres nous fourniront des argumens, qui rédigés en ordre, pourront nous aider à pénétrer dans la nature de cet être mystérieux. En suivant une telle route, qui est la seule qui conduise à quelque chose de certain en Physique, au jugement des plus habiles gens, nous ne craindrons pas de tomber dans l'erreur.

Je ne puis cependant me difpenfer de convenir qu'il eft très-difficile de découvrir un figne de cette efpèce, qui foit un indice certain & conftant qu'il y a du Feu dans l'endroit où il fe manifefte, foit que le Feu y foit en grande on en petite quantité: voici ce qui rend cette découverte fi difficile. Après un mûr examen, j'ai fouvent remarqué qu'il y a une incroyable quantité de véritable Feu dans les endroits où perfonne n'en découvre aucune trace, & où l'on croit au contraire fentir quelque chofe d'une nature toute oppofée. Au milieu des hyvers les plus rudes, par exemple, & dans le tems des plus fortes gelées, on démontrera qu'il y a réellement du Feu dans la glace, & on pourra l'en faire fortir tout d'un coup avec beaucoup de violence. Cependant il ne s'y manifefte de lui même à aucun de nos fens; il ne s'y fait remarquer par aucune des actions, ni par aucun des effets qu'on lui attribue communément. J'avoue donc que

je ne me propofe point d'indiquer un
figne qui faffe connoître fûrement à
tout le monde la plus petite quantité
de Feu qui foit dans un endroit. « Tout
» eft relatif en Phyfique ; & ce n'eft
» que par la comparaifon de l'état des
» corps, lorfque le feu s'y trouve na-
» turellement, avec celui dans lequel
» ces corps font, lorfqu'il y devient
» plus fenfible, que je cherche un fi-
» gne qui puiffe nous indiquer que le
» Feu dans tel & tel corps eft plus
» fenfible qu'il n'y eft ordinairement,
» foit par rapport à l'état naturel de
» ce corps, foit eu égard à d'autres
» corps avec lefquels on le compare ;
» ce figne une fois découvert, pour-
» ra fatisfaire à tout ce que nous nous
» propofons ici. » Et comme à l'égard
des corps, je fuis porté à croire que
nous n'avons aucune idée de leur
grandeur ou de leur petiteffe, qu'en
les comparant entr'eux ou avec une
même mefure ; je penfe de même ici
qu'on ne peut déterminer au jufte par
aucun figne combien il y a de Feu
dans un endroit donné, mais on eft
en état de démontrer qu'il y en a plus
ou moins dans un lieu que dans un

autre. Il eſt encore fort difficile de rien décider ſur cette quantité de Feu dans un inſtant particulier, mais on en peut comparer entr'eux les différens dégrés, en divers tems.

Suppoſons-nous donc occupés à chercher des ſignes de cette eſpéce; les premiers qui ſe préſentent à notre eſprit, ſont ſans doute les effets ſenſibles qui ſont dûs au Feu ſeul, & que tous les hommes regardent comme autant d'indices de la préſence du Feu. Nous pouvons donc en faire ici uſage pour le préſent; car ſi les changemens phyſiques que le Feu ſeul opere ſont à portée de nos ſens, nous avons en eux une preuve de ſa préſence; & ſi ces changemens ont lieu par-tout où il y a du Feu, nous avons des ſignes tels que nous les pouvons ſouhaiter. Si ces effets renferment certaines choſes qui puiſſent quelquefois avoir une autre cauſe, cela ne doit pas nous embarraſſer; un examen plus approfondi, nous fera aiſément diſtinguer les effets qui ſont propres au Feu, d'avec ceux qui lui ſont communs avec d'autres corps. Pour cela prenons d'abord ceux que tous les

Les ſignes de cette eſpéce ſont les effets ſenſibles que le Feu produit.

Hommes s'accordent à lui attribuer;
ensuite examinons-les avec soin, afin
de trouver ceux que nous cherchons
particulierement. Voici les principaux de ces effets. 1. La Chaleur. 2.
La Lumiere. 3. La Couleur. 4. La Dilatation ou la Raréfaction tant des Liquides que des Corps solides. 5. La
Combustion, la Fusion, &c.

Examen de ces signes, & premierement de la Cha-leur.

Considérons donc par ordre ces
divers effets. Le premier qu'on attribue au Feu, c'est la Chaleur; &
c'est avec raison, puisque ces deux
choses sont liées très-étroitement entr'elles. Si cependant on examine
scrupuleusement l'idée de *Chaleur*,
on découvre bientôt que les Hommes
désignent par ce mot une sensation
qu'ils éprouvent dès que les Organes de leur sens sont affectés par le
Feu qui leur est appliqué; or comme
cette sensation ne nous fait point connoître l'action du Feu, ni le changement qui arrive dans l'Organe affecté, il suit que la chaleur considérée
comme une simple sensation de notre ame, & c'est ordinairement en
la considérant sous cette face qu'on
en parle, ne fait rien connoître de

corporel ; qu'elle n'indique autre chofe , finon qu'il arrive quelque changement dans notre faculté de penfer.
Cette idée eft claire & diftincte pour
celui qui éprouve la fenfation de chaleur ; mais cependant elle ne lui apprend rien fur la nature du Feu, ni
fur le changement qui eft furvenu
dans fon Corps. Lorfque quelqu'un
dit qu'il a chaud, qu'éprouve-t'il
alors? N'a-t'il pas une fenfation agréable ? Qu'il compare l'idée de plaifir
que lui donne cette fenfation, avec ce
que les Médecins nous apprennent
qui fe paffe alors dans le corps ; quelle
différence ! Les Médecins nous difent
que dans ce tems là un fluide très-
fubtil fe meut dans l'extrémité des
nerfs, d'une maniere particuliere &
déterminée. Avons-nous jamais penfé à cela, quoique nous ayons été fi
fouvent affectés par la chaleur ? Mais
qu'on faffe encore attention à ce qui
fert de mefure à un homme pour juger des divers dégrés de chaleur qu'il
éprouve. Quand fon corps & fon
ame font en bon état, la chaleur modérée qu'il fent alors, excite chez lui
une fenfation de plaifir. Si cette cha-

leur diminue peu à peu, & devient enfin imperceptible, il dira qu'il a froid. Au contraire il appellera chaleur défagréable, celle qui furpaffera ce dégré qui lui faifoit plaifir auparavant. Or dans tout cela il ne fe paffe rien que de vague & d'indéterminé, rien fur quoi nous puiffions abfolument compter & regarder comme une marque du Feu, puifqu'il en eft de la chaleur comme de toutes les autres chofes que la coûtume nous rend familieres, & que nous ne nous appercevons pas de celle à laquelle nous fommes accoûtumés. C'eft là ce qui nous fait regarder une chaleur au-deffous de notre chaleur naturelle ou accoûtumée, comme une abfence de chaleur, plutôt que comme quelque chofe de pofitif; ce qui nous jette continuellement dans l'erreur. Au contraire, ceux qui font accoûtumés au froid, depuis long-tems, en font tout autrement affectés que nous. C'eft une obfervation qu'on a déja faite autrefois, qu'au milieu des chaleurs de l'Eté, fi l'on defcend dans des lieux fouterrains, on y refpire un air des plus rafraichiffans; & qu'au contraire on y éprouve une chaleur bien agréable au milieu de l'Hyver ; d'où l'on a conclu mal à propos que ces endroits s'échauffent pendant l'Hyver, & se réfroidissent en Eté ; mais l'expérience nous a fait voir qu'il n'en est rien ; & que leur température est conforme à celle des saisons, c'est a dire, qu'ils sont plus chauds en Eté qu'en Hyver, à moins qu'ils ne soient creusés très-profondément en terre, car alors ils persistent à peu près pendant toute l'année dans le même dégré de chaleur. Tout cela nous prouve clairement que la chaleur ne nous apprend rien de certain sur la quantité du Feu. Ajouterai-je ici une observation qui peut être d'une très-grande utilité en Médecine, en nous apprenant combien peu il faut compter sur la chaleur que nous éprouvons pour juger de la quantité & de la maniere dont le feu l'excite. La voici. Lorsqu'en Eté la réflexion ou la réfraction des rayons du Soleil causée par les nuées excite une chaleur si excessive qu'elle est suffocante & intolérable pour toute personne qui se porte bien, peu de tems après l'on.

a des tonneres & des éclairs accompagnés de pluies abondantes, & fouvent même de grêle ; à peine l'orage
eſt-il paſſé que l'air ſemble ſe rafraichir, & que cette grande chaleur eſt
ſuivie d'un froid très-incommode. Les
Corps ſont vivement affectés de ce
prompt changement, ils friſſonnent,
& l'on diroit qu'on eſt au milieu de
l'Hyver. Cependant pluſieurs expériences m'ont convaincu que cet air,
qui paroît ſi froid, eſt réellement ſi
chaud, que s'il l'étoit à ce point en
Hyver, nos Corps ne ſeroient pas en
état d'en ſupporter la chaleur. En effet ſi dans le tems de la plus forte gelée, on excitoit dans une chambre
le même dégré de chaleur qu'a l'Atmoſphère dans le mois d'Août, après
ces tonnerres dont je viens de parler,
il n'y auroit aucun homme qui ſor-
tant d'un lieu découvert, où il auroit
été expoſé pendant quelque tems à un
air froid, pût ſoûtenir la chaleur de
cette chambre, ſans tomber en défaillance. Je conclus donc de tout cela que la chaleur ne nous donne aucune
marque à l'aide de laquelle nous puiſſions déterminer la quantité du Feu.

Quelques Philosophes croyent que la lumiere est un signe certain de la présence du Feu. Tirant du Feu son origine, ne fera-t'elle pas connoître, disent-ils, celui à qui elle doit la naissance ? Et là-dessus ils s'imaginent que plus elle est vive, plus le Feu est en grande quantité ; & qu'au contraire plus elle s'affoiblit, plus aussi le Feu diminue. Ils croyent donc qu'on doit la regarder comme un signe certain du Feu : mais que ceux qui pensent de la sorte ont peu consulté l'expérience. Si vous en doutez, prenez un fer tiré du Feu, qui ne soit point encore rouge, mais qu'il soit prêt à le devenir ; portez-le dans l'obscurité, il ne donnera pas la moindre lumiere ; mais touchez-en un animal, vous lui brûlerez la chair & les os mêmes, avec un sifflement & une odeur très-désagréable ; ou mettez-le sur du bois sec, vous en ferez sortir des étincelles & de la flamme. Or voilà un Feu très-violent qui n'est accompagné d'aucune lumiere. Au contraire, prenez un Miroir concave, fait de métal très-poli ; & dans une belle nuit d'hyver, servez-vous-en à raſſembler la lumiere de la Lune, lorſqu'elle eſt dans ſon plein, & qu'elle eſt parvenue au Méridien ; faites-la tomber ſur un morceau de papier blanc que vous mettrez au foïer du miroir, vous aurez une lumiere ſi vive, que les yeux ne pourront pas la ſoûtenir ; & cependant vous ne laiſſerez pas que de ſentir au centre de ce foïer même un froid très-aigu. Un fameux Philoſophe Anglois, Robert Hook, qui ſemble être né pour l'avancement de la Phyſique expérimentale, a fait cette même expérience en ſe ſervant d'un verre convexe des deux côtés. La lumiere raſſemblée au foïer étoit très-vive ; il y a expoſé un thermomètre fort ſenſible, mais ſans obſerver le moindre indice de chaleur ou de Feu, ni même de froid, » puiſ » qu'il n'arriva aucun changement, » & que le thermomètre reſta dans le » même état dans lequel il étoit lorſ qu'il l'y expoſa. La même choſe a été confirmée enſuite à Paris, par le moyen des verres de Tſchirnhaus : Voyez *Mém. de l'Acad. Royal. des Sienc.* 1699. *p.* 110. » Ces expérien » ces détruiſent donc entiérement le

» fentiment de *Paracelfe*, de *Van-*
» *Helmont*, & des autres qui préten-
» dent que les rayons de la Lune font
» froids & humides. Enfin fi les rayons
folaires raffemblés dans l'air par le
miroir de Villette, ne tombent fur
aucun Corps opaque, on ne remarque dans leur foyer aucune apparencé
de lumiere; & cependant le Feu y eft
des plus violent; fi quelqu'un avoit le
malheur d'y paffer, fa mort fubite ne
le prouveroit que trop; les pierres
mêmes qu'on y expofe font fondues
dans un inftant. Quelqu'un à préfent
prétendra-t'il pouvoir mefurer par le
moyen de la lumiere la quantité du
Feu ? Ces expériences nous apprennent que le Feu le plus violent
ne fe manifefte par aucune lumiere,
& que la lumiere la plus vive ne
produit pas feulement la moindre
chaleur.

Après ce que je viens de dire, il *Des Couleurs.*
n'eft pas néceffaire que je m'étende
fur la couleur, qui n'eft autre chofe que la lumiere même, ou une réflexion variée de la lumiere faite par
des Corps opaques. Puifque la lumiere ne fauroit paffer pour un vé-

ritable signe du Feu, à plus forte raison peut - on dire que la couleur n'en est pas un.

Et des autres effets du Feu. Puisque jusques ici nous n'avons encore rien découvert qui réponde pleinement à notre but; voyons à examiner soigneusement les autres effets du Feu, peut-être en trouverons-nous enfin un qui nous servira de signe & de mesure de la présence & de la quantité de cet.Elément, le plus actif de tous. Mais plus je considere avec attention ces effets, plus je désespere de réussir, tant je vois qu'ils sont opposés les uns aux autres. En effet, si le Feu a la force de désunir certains Corps, il en rejoint d'autres : s'il rend certaines choses plus solides & plus fermes, il en dissoud d'autres. Il y a plusieurs Corps qu'il divise en différentes parties, mai en smême tems il en joint d'autres plus étroitement & plus intimement qu'on ne le peut faire par aucun autre moyen, comme cela se voit dans la composition du verre, & dans le mélange du fer & de l'or. Je serois trop long si je voulois épuiser un sujet aussi abondant ; je dirai en un mot qu'on auroit

de la peine à me citer aucun effet du
Feu , qu'on regarde comme ayant
lieu dans tous les Corps, fans que j'en
faffe voir d'abord un tout contraire,
produit par la même caufe dans d'autres Corps. Quoi donc, me dira-t'on,
cette merveilleufe caufe ne produit-
elle aucun effet qui foit inféparable
d'elle, qui foit le même & en tout
tems , & par tout, fans jamais varier
dans quelque objet que ce foit! Oui,
je crois qu'il y en a de cette efpéce;
mais ce n'eft qu'après toutes les recherches que j'ai faites, que j'en ai
pu découvrir un feul.

Après un examen attentif je n'ai
trouvé jufques ici aucun Corps, auquel on ne put appliquer cet Élément
qu'on appelle communément Feu, foit
que ce Feu parte du foleil, foit qu'il
foit artificiel ou fouterrain. Or tous les
Corps, fur lefquels on fait des expériences, fans en excepter aucun, augmentent en volume dès qu'on les expofe au Feu ; ils s'enflent, ils fe raréfient, fans que cependant on apper-
çoive aucune différence dans leur
poids. Il n'importe pas s'ils font folides ou liquides, durs ou mols, lé-

gers ou pefans ; tous ceux qui font
connus jufqu'à préfent, font foumis
à la même Loi. Si cependant vous
prenez deux Corps égaux en pefanteur & en volume, mais dont l'un
foit dur & l'autre liquide, vous trou-
verez entr'eux cette différence ; c'eſt
que le même dégré de Feu dilate plus
le fluide que le folide : au moins j'ai
toujours remarqué cela dans tous les
Corps que j'ai examiné. Pour s'affurer de la préfence du Feu par cet effet, il fera donc plus à propos, pour
les expériences, de fe fervir de Corps
fluides plutôt que de folides. J'ai encore obfervé que les liqueurs qui font
moins denfes, & plus légères que les
autres, font auffi plus raréfiées par le
même dégré de Feu. Ainfi leur raréfaction étant plus fenfible, elles font
par conféquent très-propres à indiquer les plus petites augmentations
du Feu. C'eſt ce que je vais confirmer
par l'expérience fuivante. Qu'on prenne une phiole chymique, dont la partie fphèrique fe termine en un cou cylindrique & étroit ; qu'elle foit pleine d'eau jufques à un endroit du cou
qu'on doit marquer ; qu'on la plonge

dans de l'eau chaude contenue dans un
vase découvert, aussi-tôt » l'eau baif-
» fera un peu au-deffous de la mar-
» que, par la raison que nous avons
» rapporté ci-devant ; puis on
l'appercevra monter dans le cou de
la phiole au-deffus de la marque, &
cela dure pendant tout le tems qu'elle acquiert de nouveaux dégrés de
chaleur. Si l'on retire cette phiole, & qu'on la plonge dans une autre eau plus chaude, on voit que
l'eau monte encore plus haut. Enfin
plus on l'approche du Feu, & plus
l'on voit que l'eau se dilate ; mais
dès qu'on l'éloigne du Feu, on remarque que l'eau defcend peu-à-peu.
Cette expérience prouve clairement
que l'eau eft dilatée par le Feu, &
qu'étant chaude, elle occupe plus d'efpace que quand elle eft froide, fans
que fon poids augmente fenfiblement.
Elle nous apprend encore que le verre, qui eft un Corps folide, ne fe dilate pas comme l'eau ; car quoique la
phiole s'échauffe également, & même plutôt que l'eau, elle ne peut cependant pas la contenir comme auparavant ; il faut que cette eau monte

dans son cou, Qu'on plonge ensuite dans la même eau chaude une autre phiole de même espèce, où l'on ait mis de l'Alcohol ou de l'esprit de vin rectifié; cet Alcohol monte avec plus de vitesse, & sort quelquefois par l'ouverture de la phiole. Concluons de-là que l'Alcohol, qui est plus léger que l'eau, est aussi dilaté davantage & plus promptement. Ces expériences, quoique simples & communes, prouvent ce que j'ai avancé. Il seroit à souhaiter que ceux qui se sont appliqués à l'Hydrostatique, nous eussent appris quelles sont les gravités spécifiques des divers liquides connus; peut-être qu'alors je pourrois donner pour générale cette règle, à laquelle la considération de plusieurs de ces gravités m'a fait penser; c'est que » les espaces de la dilatation cau-» sée par un même dégré de Feu, sont » entr'eux comme les dilatations des » Corps dilatés, ou en raison récipro-» que de leurs densités; à moins que » les qualités particulieres des liqueurs » n'apportent quelque changement » dans cette dilatation.

» On a déja rempli une partie des

» vues

» vues de l'Auteur, comme il le pa-
» roît par la Table suivante, des dif-
» férentes pesanteurs spécifiques de
» différens Corps solides & de divers
» fluides. Nous l'avons tirée des Élé-
» mens de Physique de M. Côtes. »

TABLE

Des gravités spécifiques de différentes matieres.

OR fin ou de coupelle,	19	640
Or d'une Guinée,	18	888
Or d'un Ducat,	18	261
Or d'un Louis,	18	166
Mercure,	14	000
Mercure doux,	13	382
Plomb,	11	325
Argent fin de coupelle,	11	091
Argent monnoyé,	10	535
Mercure doux sublimé 3 fois,	9	804
Bismuth,	6	700
Cuivre rouge du Japon,	9	000
Cuivre de Suede,	8	784
Turbith minéral,	8	235
Cinnabre artificiel,	8	200
Mercure doux sublimé 4 fois,	8	170

Eméraude,	2	777
Sucre de Saturne,	2	745
Bol d'Arménie,	2	727
Nitre fixé,	2	723
Cristal d'Islande,	2	720
Marbre,	2	718
Marbre blanc d'Italie,	2	707
Marbre noir d'Italie,	2	704
Pierre Belemnite,	2	675
Verre de bouteille,	2	666
Jade,	2	683
Corail rouge,	2	689
Corail blanc,	2	500
Crystal de roche,	2	650
Pierre à fusil,	2	641
Hyacinthe,	2	631
Agathe-Onix,	2	627
Verre verd commun,	2	620
Jaspe,	2	610
Caillou d'Egypte,	2	578
Agathe d'Angleterré,	2	512
Pierre Judaïque,	2	500
Pierre ou Caillou ordinaire,	2	500
Marne de Marly,	2	428
Selenite,	2	322
Tartre vitriole,	2	298
Tartre émetique,	2	246
Sel admirable de Glauber,	2	246
Osteocolle.	2	240

Mine de Fer des Pyrenées,	4	171
Grenats de Suéde,	3	978
Mine de Grenats marcaffite,	3	100
Arfenic blanc,	3	695
Orpiment,	3	521
Saphir d'Orient,	3	562
Pyrite vitriolique,	3	512
Ardoife bleue,	3	500
Malachite,	3	490
Diamant,	3	400
Pierre à éguifer de Loraine,	3	288
Ceruffe,	3	156
Verre blanc ou Cryftal,	3	150
Calamine d'Iffy,	3	108
Turquoife,	3	088
Emeril de l'Ifle de Naxos,	3	068
Emeril de Normandie,	3	038
Lapis Lazuli, Afur,	3	054
Peridor,	3	052
Talc de la Jamaïque,	3	000
Topafe,	2	712
Amianthe,	2	913
Soufre rouge de *Quito*,	2	908
Pierre divine ou Nephretique,	2	894
Opale,	2	882
Crapaudine,	2	826
Pierre Hœmatite de Minor-		
que,	2	806
Talc de Venife,	2	780

Eméraude,	2	777
Sucre de Saturne,	2	745
Bol d'Arménie,	2	727
Nitre fixé,	2	723
Criftal d'Iflande,	2	720
Marbre,	2	718
Marbre blanc d'Italie,	2	707
Marbre noir d'Italie,	2	704
Pierre Belemnite,	2	675
Verre de bouteille,	2	666
Jade,	2	683
Corail rouge,	2	689
Corail blanc,	2	500
Cryftal de roche,	2	650
Pierre à fufil,	2	641
Hyacinthe,	2	631
Agathe-Onix,	2	627
Verre verd commun,	2	620
Jafpe,	2	610
Caillou d'Egypte,	2	578
Agathe d'Angleterre,	2	512
Pierre Judaïque,	2	500
Pierre ou Caillou ordinaire,	2	500
Marne de Marly,	2	428
Selenite,	2	322
Tartre vitriole,	2	298
Tartre émetique,	2	246
Sel admirable de Glauber,	2	246
Ofteocolle,	2	240

Os fec de mouton,	2	222
Ametyfthe,	2	211
Sardoine,	2	180
Pierre noire d'Irlande,	2	165
Sel de Gayac,	2	148
Sel Polychrefte,	2	148
Sel de Prunelle,	2	148
Sel Gemme,	2	143
Iris,	2	130
Terre Savonneufe,	2	094
Ecailles d'Huitres,	2	092
Terre à pipe de Rouen,	2	088
Souffre de la Guadeloupe,	2	077
Souffre de l'Archipel,	2	018
Terre de Lemnos,	2	000
Brique,	2	000
Souffre vif,	2	000
Nitre,	1	900
Crême de Tartre,	1	900
Vitriol blanc,	1	900
Vitriol d'Angleterre,	1	880
Corne de Cerf,	1	875
Corne de Bœuf,	1	840
Albatre,	1	872
Tartre,	1	846
Yvoire,	1	825
Souffre mineral,	1	800
Alun,	1	715
Borax,	1	714

Verd-de-gris,	1	714
Huile de vitriol,	1	700
Calcul humain,	1	700
Autre calcul,	1	664
Os de Bœuf,	1	656
Esprit de Nitre rectifié,	1	610
Huile de Tartre,	2	550
Bezoard Oriental,	1	530
Bezoard Occidental,	1	500
Sel de corne de Cerf,	1	496
Sel Ammoniac,	1	453
Ens de Mars sublimé une fois,	1	453
---Sublimé trois fois,	1	269
Miel,	1	450
Esprit de Nitre Bezoardique,	1	414
Gomme Arabique,	1	375
Opium,	1	363
Eau forte double,	1	341
Noix de Cocos,	1	340
Esprit de Nitre de *M.Geoffroi*,	1	338
Bois de Gayac,	1	337
Gomme Adragant,	1	333
Esprit de Nitre commun,	1	315
Eau forte,	1	300
Myrrhe,	1	250
Charbon de terre,	1	240
Agathe noire,	1	238
Eau regale.	1	234
Resine de Gayac,	1	204

Esprit de Vitriol,	I	203
Scammonée,	I	200
Bois Nephrétique,	I	200
Bois d'Aloés,	I	177
Ebene,	I	177
Poix,	I	150
Esprit de soie,	I	145
Esprit de sel,	I	150
Le même par l'huile de vitriol,	I	145
Sediment du sang humain,	I	126
Esprit d'urine,	I	120
Colle de poisson,	I	111
Huile de Saffafras,	I	094
Décoction de gentiane,	I	085
Décoction de biftorte,	I	073
Esprit de tartre,	I	073
Racine d'Efquine,	I	071
Encens,	I	071
Leffive de potaffe.	I	060
Santal blanc,	I	041
Ambre,	I	040
Sang humain,	I	040
Décoction d'*Arum*;	I	036
Huile de canelle,	I	035
Huile de Gerofle,	I	034
Vin de Canarie,	I	033
Serofité du sang humain,	I	030
Bois de bréfil,	I	030
Buis,	I	030

Esprit d'ambre,	1	030
Eau de mer,	1	030
Urine,	1	030
Vinaigre distillé,	1	030
Vinaigre ordinaire,	1	017
Lait de Vache,	1	030
Lait de Chevre,	1	030
Laudanum liq. de *Sydeham*,	1	024
Décoction de Quinquina,	1	024
Biere,	1	019
Bois verd,	1	004
Eau de riviere,	1	009
Eau de pluye,	0	000
Eau de puits,	0	999
Eau distillée,	0	993
Eau bouillante,	0	963
Camphre,	0	996
Vin d'Orléans,	0	996
Vin de Pontac,	0	993
Vin de Bourgogne,	0	992
Cire jaune,	0	995
Huile d'Aneth,	0	994
Hyssope,	0	986
Sabine,	0	983
Succin,	0	978
Cumin,	0	975
Huile de Menthe,	0	975
Rue,	0	975
Muscade,	0	948

Tanaisie,	o	946
Origan,	o	940
Carvi,	o	940
Spicnard,	o	936
Romarin,	o	934
Lin,	o	932
Olive,	o	913
Genievre ou Cade,	o	911
Bois de Campesche,	o	931
Cœur de Chêne,	o	929
Elixir de pp. avec le sel volat.	o	939
Huile de Lin,	o	936
Huile de Noix,	o	934
Huile de Navette,	o	919
Teinture de Quinquina,	o	900
Teinture de Gomme Ammo-niaque,	o	899
Esprit de Miel,	o	895
Beaume de Tolu,	o	896
Huile d'Orange,	o	888
Huile de Therebentine,	o	871
Branche de Chêne,	o	870
Teinture d'Antimoine,	o	866
Huile de Navette,	o	853
Teinture d'Acier de Mynsicht,	o	853
Bois de Hetre,	o	854
Lentisque,	o	849
Huile de cire,	o	831
Santal Citrin,	o	809

Eſprit de vin rectifié ,	o	806
Eſprit de vin étheré ,	o	732
Racine de Gentiane ,	o	800
Frêne ſec ,	o	800
Quinquina ,	o	784
Bois de Sainte Lucie ,	o	773
If ,	o	760
Erable ſec ,	o	755
Prunier ſec ,	o	663
Cedre ,	o	613
Orme ,	o	600
Cyprès ,	o	591
Genevrier ,	o	556
Sapin ,	o	550
Laurier ,	o	549
Saſſafras ,	o	482
Pin ,	o	430
Liege ,	o	240
Air ,	o	001

» On a mis les gravités ſpécifiques
» des bois ſecs & non pas des bois
» verds ; car le *Docteur Jurin* a ob-
» ſervé que la ſubſtance des bois eſt
» ſpécifiquement plus peſante que
» l'eau, puiſqu'ils vont au fond, après
» qu'on a fait ſortir l'air de leurs po-
» res ou de leurs vaiſſeaux aeriens,
» en les plaçant dans l'eau chaude

» ſous un recipient , ou ſi on n'a pas
» de machine pneumatique , en les
» laiſſant pendant quelque tems dans
» l'eau bouillante. Il a auſſi trouvé
» quelques calculs humains auſſi pe-
» ſans que la brique , & même que
» la plus tendre eſpece de grès. *Voyez*
» *tranſ. phil. n° 369.*

» Les gravités ſpécifiques du ſang
» humain, de ſes réſidences fibreu-
» ſes & celle du ſerum , ont été dé-
» terminées par le même Auteur. *Tran-*
» *ſaɕt. phil. n°. 361.*

» Les peſanteurs ſpécifiques des
» liqueurs ont toutes été déterminées,
» lorſqu'elles avoient le même dégré
» de chaleur , ſçavoir quatre dégrès
» au - deſſus de la congellation du
» Thermometre de M. de *Reaumur.*

» La plupart des expériences qui
» vont ſuivre , feront aſſez voir que
» les gravités ſpécifiques des Corps
» ſolides & des Corps fluides ſont
» différentes en Eté & en Hyver ;
» cependant afin qu'on ſoit plus à por-
» tée de juger par comparaiſon , ſi *les*
» *eſpaces de la dilation cauſée par un*
» *même dégré de Feu, ſont entr'eux*
» *comme les dilatations des Corps di-*

B vj

» *latés*, ou en *raison reciproque* de
» *leurs denfités* ; je crus qu'il ne fe-
» roit point hors de propos de met-
» tre ici la Table que le *D. Muffchen-*
» *brock* nous a donnée, des pefanteurs
» fpécifiques des différentes liqueurs
» en Eté & en Hyver.

	EN ÉTÉ.			EN HYV.		
	℥	ʒ	gr.	℥	ʒ	gr.
Le Mercure,	7	1	66	0	7	14
L'Huile de Vitriol,	0	7	59	0	7	71
L'Efprit de Vitriol,	0	5	33	0	5	38
L'Efprit de Nitre,	0	6	24	0	6	44
L'Efprit de Sel,	0	5	49	0	5	55
L'Eau forte,	0	6	23	0	6	35
Le Vinaigre,	0	5	15	0	5	21
Le Vinaigre diftillé,	0	5	11	0	5	15
L'Efprit de Vin,	0	4	32	0	4	42
Le Lait,	0	5	20	0	5	25
L'Eau de Riviere,	0	5	10	0	5	13
L'Eau de Puits,	0	5	11	0	5	14
L'Eau diftillée,	0	5	8	0	5	11

Voyez là-deffus le fameux Boyle
dans fon Traité, intitulé *Medicina*
Hydroftatica, & plufieurs autres.

Il femble donc que la facilité avec
laquelle une liqueur légère fe dilate,
peut fournir une marque certaine de
la préfence, de l'augmentation, ou

de la diminution du Feu , parce que
cette dilatation eſt un effet qui ne dépend en aucune façon de notre maniere de ſentir, à laquelle nous pouvons très-peu nous fier dans ces ſortes de recherches ; & qu'ainſi elle ne
nous jettera pas aiſément dans l'erreur:
joignons à cela qu'elle indique très-
exactement les plus petites augmentations & diminutions du Feu, qu'on
n'a pu déterminer juſqu'à préſent par
aucune expérience qui me ſoit connue. Elle a encore cet avantage , c'eſt
qu'on peut ſans embarras en faire uſage par tout où l'on veut , ſoit dans
l'intérieur, ſoit au dehors des Corps:
car en tout tems & en tout lieu, ce
ſigne peut être d'une égale utilité. Enfin cette dilatation a ceci de bon, c'eſt
que ſi elle ſe fait dans un verre ſcellé
hermétiquement, elle n'eſt produite
par aucune autre cauſe phyſique connue juſqu'à préſent , que par le Feu.
Voilà donc que nous avons trouvé une
marque telle que nous la ſouhaitions,
qu'on peut & qu'on doit regarder
comme un ſigne vrai , certain , inſé-
parable & propre du Feu. Ainſi nous
nous en ſervirons uniquement dans la

ſuite pour découvrir la nature de cet Elément ; & nous tiendrons ceci pour accordé ; que dans tous les Phénomènes où cette raréfaction a lieu, il y a une quantité proportionnée de Feu qui en eſt la cauſe. Ainſi nous aurons occaſion d'examiner le Feu dans preſque toutes ſes circonſtances, nous pourrons raiſonner ſûrement ſur ſa nature, qui, quelque cachée qu'elle ſoit, ſe découvrira à nous, par tout où nous verrons cette dilatation. Nous allons donc commencer par des expériences très-aiſées, pour paſſer enſuite à de plus difficiles & de moins communes. En allant ainſi du ſimple au compoſé, je tâcherai de fraïer la route la plus ſûre pour parvenir à connoître les propriétés les plus cachées du Feu.

EXPÉRIENCE I.

Le Fer eſt dilaté en tout ſens par la Chaleur.
PLANCHE I Fig. 1.

Le Feu étend en tout ſens les Corps les plus durs, auſſi long-tems qu'il eſt renfermé dans ces Corps.

Pour le démontrer, je prend deux verges de fer, telles que A B, C D, cylindriques, longues chacune de

trois pieds, & à-peu-près également
épaiſſes, telles qu'elles puiſſent s'a-
juſter exactement dans l'anneau E F,
& paſſer à travers cet anneau.

J'en mets une dans un fourneau,
où il y a un Feu très-ardent; après
qu'elle y eſt reſtée aſſez long-tems, je
l'en retire preſque rouge, & je la mets
à côté de l'autre verge froide. L'on
voit alors qu'elle ſurpaſſe conſidérablement cette dernière en longueur,
& qu'ainſi le Feu l'a rendue plus longue qu'elle n'étoit auparavant.

On voit auſſi qu'elle ſe racourcit à
meſure qu'elle ſe refroidit, & que lorſqu'elle eſt entièrement refroidie, elle
eſt de même longueur que l'autre: ſa
longueur diminue donc à proportion
qu'elle devient froide, & que le Feu
la quitte.

Je réchauffe de nouveau l'extrémité de cette même verge, & je tâche
de la faire paſſer par l'anneau E F;
mais quelque effort que je faſſe, je
n'en ſçaurois venir à bout: car on
voit manifeſtement qu'elle eſt beaucoup plus épaiſſe, que quand elle eſt
froide: mais ſi l'on attend qu'elle ſe
ſoit refroidie peu-à-peu, elle paſſe à

travers l'anneau ; ainsi cet anneau dans lequel elle ne pouvoit pas entrer lorsqu'elle étoit chaude, la laisse passer comme auparavant quand elle est froide.

Si quelqu'un veut déterminer exactement la différence qu'il y a entre la longueur d'un morceau de Fer ou de quelqu'autre Corps qui sort du Feu, & la longueur de ce même Corps, lorsqu'il est refroidi à un dégré connu & déterminé par le Thermomètre, il doit s'y prendre de cette façon. Soient A B, C D, deux lames de cuivre, parallèles, disposées de sorte qu'elles soient mobiles sur deux autres lames latérales, & cela sans perdre leur parallèlisme, comme on peut le comprendre par la figure : soient ces lames latérales divisées en très-petites parties égales. Qu'on prenne alors le Corps qu'on veut examiner, & pendant qu'il est encore froid, qu'on l'applique entre A B & C D à la lame A C ; ensuite dès qu'il sera rougi au Feu, qu'on l'applique de nouveau aussi promptement qu'il sera possible à la même A C, en éloignant A B de C D jusqu'à ce qu'il puisse être contenu entre ces deux lames ; il faut

Maniere de mesurer cette dilatation.

PLANCHE II. Fig. 2.

faire cela très-promptement, de peur
que la lame A C ne s'échauffe. Alors
on aura la différence qu'il y a entre
ce Corps, lorsqu'l eſt froid, & ce
même Corps, lorsqu'il eſt chaud.
Il faut obſerver qu'il doit être aigu à
ſes deux extrémités, comme il eſt re-
préſenté en E F, pour qu'il échauffe
le moins qu'il eſt poſſible les lames
A B, C D. On peut ſuivre auſſi cette autre méthode. Soit A B une rè-
gle de cuivre droite, plus elle eſt PLANCHE I Fig. 3.
longue, meilleure elle eſt ; à ſon extrémité B, il faut fixer une autre règle
B C qui lui ſoit perpendiculaire, &
paſſablement longue ; à l'autre extrémité A ſoit l'Hypotenuſe de ce cuivre
A D mobile en A ſur le plan A B C :
ſoit de plus la perpendiculaire B C.
diviſée en très - petites parties égales. Si l'on met le Corps échauffée ſur A B, la règle A D s'éle-
vera, & par ſon mouvement ſur
B C, l'on aura la différence cher-
chée, qui ſera d'autant plus ſenſible
que A B & B C ſeront plus longues.

Il faut au reſte ſoigneuſement re-
marquer ici, 1º. que cette dilatation *Cette dila-*
des Corps ſolides par le Feu, eſt ſi *tation a lieu dans tous les Corps.*

générale, que j'ai trouvé qu'elle avoit lieu dans tous les Corps que j'ai eu occafion d'examiner jufqu'à préfent.

Mais elle varie fuivant leur poids.

Cependant il ne faut pas croire qu'elle foit la même dans tous : dans les expériences que j'ai faites, j'ai toujours obfervé que les Corps les plus pefants font moins dilatés , & que les plus légers font dilatés davantage par le même dégré de Feu : de forte qu'on peut donner cela pour une règle générale. Je me contente d'indiquer la chofe, parce que chacun pourra poufter plus loin fes obfervations , à l'aide du dernier inftrument que je viens de décrire. Qu'on examine donc s'il eft généralement vrai que les dilatations des maffes , par un même dégré de Feu , foient en raifon inverfe de leurs gravités fpécifiques? Mon deffein étoit bien de faire cette recherche avec plus de foin, mais la multitude de mes occupations ne m'en a pas laiffé le tems. Tout ce que j'ai vû & ce que j'ai fait, me conduit cependant à croire que le même dégré de chaleur dilate davantage les Corps rares, & moins les Corps denfes.

Mais il y a encore d'autres caufes qui produifent quelque différence dans cette dilatation, outre le poids des Corps. Voici comme je l'ai découvert. J'avois fouvent prié Mr. Daniel Gabriel Fahrenheit, Ouvrier des plus induftrieux, de me faire deux Thermomètres, l'un avec la liqueur la plus denfe, favoir le vif-argent ; & l'autre avec la plus légere, je veux dire l'Alcohol ; qui fuffent conftruits de façon que dans le même dégré de chaleur, la liqueur montât précifément à la même hauteur dans tous les deux, & qu'on pût s'en affurer par l'échelle qui leur feroit jointe : il mit enfin la main à l'œuvre, & tâcha de faire ce que je lui demandois. Mais quoiqu'il eût fait fon calcul avec tout le foin poffible, lorfque j'examinai ces Thermomètres, je trouvai qu'ils ne s'accordoient pas parfaitement : j'en avertis Mr. Fahrenheit qui reconnut ingénuëment qu'il y avoit un déffaut dont il avoua ne favoir pas la caufe ; il ne ceffa d'y penfer depuis ce tems, & il fit tant de réflexions fur les matieres & fur les circonftances néceffaires pour conftruire les

thermomètres, qu'enfin il découvrit
que les différens verres faits en Bohème, en Angleterre & en Hollan-
de, n'étoient pas dilatés de la même
maniere par le même dégré de Feu;
que les uns l'étoient plus aifément, les
autres plus difficilement; les uns plus
vîte, les autres plus tard. De là il
conclut que fa méthode de faire ces
Thermomètres étoit bonne, fi on les
faifoit l'un & l'autre avec la même
forte de verre; mais qu'elle étoit dé-
fectueufe fi l'un étoit fait de verre de
Bohème, l'autre de verre de Hol-
lande; car l'expérience fait voir que
le même dégré de Feu dilate moins
cette efpèce de verre qui demande
une flamme plus violente pour être
fondu, & qu'il dilate davantage celle qui fe fond plus vîte. Remarquons
à cette occafion qu'elle circonfpec-
tion il faut avoir pour découvrir le
vrai en Phyfique; & combien il eft
aifé de fe tromper lorfqu'on donne
une règle pour générale? Il y a bien
de la différence entre des connoiffances qu'on a acquifes avec beaucoup
de patience & par le fecours d'expériences faites avec tout le foin pof-

sible, & ces connoissances qui ne sont que l'effet d'un raisonnement fait à la hâte ; on n'hésitera pas à prononcer quelles sont celles qui méritent la préférence.

2°. Cette dilatation augmente encore à proportion que la quantité de Feu qui entre dans le Corps dilaté devient plus grande : ainsi une verge de fer, quand elle est parfaitement rougie au Feu, est plus grande que quand elle a perdu sa rougeur, quoique cependant elle soit encore très-chaude ; & lorsqu'elle a été exposée long-tems au plus grand froid de l'Atmosphere, c'est alors qu'elle est la plus courte. Nous observerons ici qu'il faut faire cette expérience sur le fer, qui est celui des métaux qui peut souffrir le plus grand Feu sans se fondre ; après qu'on l'aura échauffé au point qu'un dégré de chaleur de plus l'auroit fondu ; on doit mesurer sa longueur & la comparer avec celle qu'il a lorsqu'il est entierement réfroidi ; & il est bon de choisir pour cela un tems bien froid : Par-là on connoîtra cette action du Feu dans sa plus grande étendue.

Dès qu'une fois le Fer est fondu, & devient une masse fluide, il ne paroît pas que son volume change en aucune façon dans le vase qui le contient, quoiqu'on augmente l'action du Feu à force de soufflets ; & peut-être qu'alors il ne peut pas recevoir plus de Feu, & que par conséquent il n'est plus susceptible d'être dilaté par quelque Feu commun que ce soit, & effectivement les métaux fondus paroissent être dans ce cas ; le Feu ne trouve plus d'accès chez eux à moins qu'il ne soit dirigé vers un point particulier par l'action d'un soufflet, d'un miroir concave, ou d'un verre ardent.

3°. Par-là il paroît clairement que le Feu, en passant du plus grand dégré de froid qui nous soit connu, jusqu'au plus haut dégré de chaleur dont il est susceptible, dilate & écarte les unes des autres les parties du Corps auquel on l'applique. Mais il paroît aussi que la dilatation de ce Corps, & la raréfaction qui en est une suite, augmentent successivement jusqu'à ce que toute la masse vienne à se fondre, si au moins elle est fusible. D'où il suit que durant l'application de ces divers dégrés de Feu, chacune des parties du Corps échauffé s'étend continuellement au - delà du centre de fa petite maffe, auffi bien que tout le Corps même.

Auffi voyons-nous que les parti-cules de Feu diftribuées dans toute la maffe, agiffent avec la même force fur chacune des molécules qu'elles oc-cupent, & qu'il n'y a aucun Corps, quelque dur qu'il foit, qu'un Feu très-léger ne puiffe fi fort changer dans toute fa fubftance, qu'il n'y aura pas une de fes parties exemte d'al-tération.

Même celles des plus durs,

4°. Or cette dilatation des Corps eft-elle autre chofe qu'un tranfport de leurs parties dans des efpaces plus grands que ceux qu'elles occupoient auparavant? D'où je conclus que ces particules ont été dans un mouve-ment continuel, pendant que la di-latation a dúré; & que dans les Corps les plus durs, tant dans leur intérieur que fur leur furface extérieure, ce mouvement a lieu en tout fens, qu'il devient toujours plus grand à pro-portion que la chaleur augmente, & cela jufqu'à ce que le Feu ayant réduit ces Corps en fusion, meuve, mêle, pousse de tout côté leurs différentes parties.

Peut-on dire alors que ces parties sont rendues si subtiles, par cette action du Feu, qu'aussi long-tems que leur état de fusion dure, elles sont les véritables Elémens dont les Corps sont composés? Est-ce là la raison pour laquelle les particules des métaux fondus au Feu, sont si intimement mêlées entr'elles, qu'il n'y auroit jamais moyen de leur donner par aucun autre art le dégré de subtilité nécessaire pour cela? Les Essayeurs, dont l'Art est celui auquel on peut se fier le mieux, nous démontrent qu'un seul grain d'or, mêlé avec cent mille grains d'argent pur, & fondu de façon que ce mélange soit parfait, se disperse tellement entre les parties de l'argent, que si ensuite l'on prend une petite particule de cette masse composée, on y trouvera la même proportion de l'or à l'argent que dans le tout, c'est-à-dire, de 1 à 100000; & jusqu'ici on n'a découvert aucune borne à cette division & à cette distribution de l'or

l'or parmi l'argent. Si l'on réfléchit
attentivement fur l'effet de cette expérience, l'on me permettra aifément
de dire que le Feu, pendant qu'il a
agi fur l'or en le faifant paffer fucceffivement d'un grand froid à divers
dégrés de chaleur, a tellement mis
en mouvement fes particules élémentaires, que leur cohéfion s'eft affoiblie de plus en plus, jufqu'à ce qu'enfin elle a été entierement détruite,
& que ces particules fe font féparées & écartées les unes des autres.
Et ici il n'y a que le Feu qui empêche ces parties de fe rejoindre de nouveau, quoiqu'elles fe touchent ; car
ôtez le Feu, auffi tôt vous voyez
qu'elles fe réuniffent pour former un
Corps folide, tout comme auparavant.

J'avoue cependant que les parties
d'un métal pur, fondues par la force
du Feu, tendent toujours à fe réunir ;
car je vois que l'or, l'argent & les
autres métaux, lorfqu'ils font fondus,
prennent d'abord une figure fphérique, de même que le mercure qui fe
forme en boule dès qu'il n'en eft pas
empêché par le poids de fes parties.

C

Mais cette tendance à fe réunir n'a aucun effet auffi long-tems que le Feu agit fur ces Corps ; & c'eft-là quelque chofe de bien extraordinaire.

Il eft impoffible de rejoindre deux morceaux d'or, de façon qu'ils ayent cette ténacité qui eft particuliere à ce métal, à moins que vous ne les divifiez l'un & l'autre dans leurs plus petites parties en les fondant au Feu ; alors, après être réfroidis, ils recouvrent leur premiere ductilité. Ce que je dis ici des métaux, a lieu auffi dans les autres Corps fimples, comme nous le remarquons dans les fels fixes, dans le verre & dans plufieurs autres. Enfin on doit encore conclure ici de ce qui a été dit, que non-feulement il peut fe faire, mais qu'il arrive même réellement qu'un Corps, qui nous paroît très-dur & très-fixe, eft continuellement fi fort agité dans toutes les parties élémentaires dont il eft compofé, qu'il n'y a pas en lui une feule particule, quelque petite qu'on la conçoive, qui foit dans un repos parfait. L'expérience que j'ai indiquée il n'y a qu'un moment,

prouve auffi clairement qu'il eft poffible la vérité de toutes ces remar-
ques. Eft-ce donc que le Feu agit
fur la nature la plus intime des
Corps? Voilà un pouvoir bien furprenant !

Que trouvera-t'on à préfent de fi
merveilleux dans une chofe qu'on
voit arriver affez fréquemment: c'eft
que des édifices les plus folidement
bâtis, fe renverfent fouvent fans qu'il
faffe aucun vent, dans un tems ferain
& chaud, & pour l'ordinaire en plein
midi.

6. Cette propriété du Feu nous
apprend encore que les Corps qu'on
tranfporte dans la Zone torride, s'é-
tendent davantage en tout fens, que
dans un climat froid, & que par-là
leur gravité fpecifique diminue, puifqu'ils contiennent la même quantité de matiere fous une plus grande
fuperficie: cela eft caufe que leur
percuffion eft beaucoup plus foible;
auffi voyons-nous que les pendules
de Galilée, faits dans les Zones froides, & tranfportés dans la Zone torride, y deviennent plus longs, &
font leur vibrations plus lentement;

C ij

ce qui fait qu'alors les meilleures hor-
loges ceffent d'être juftes : on remarque auffi que cela arrive dans un
même pays, en diverfes faifons de
l'année, fuivant que la chaleur eft plus
ou moins grande.

Les Corps font affoiblis par le Feu.

7. C'eft donc avec raifon qu'on a
dit de tout tems que les Corps font
relâchés & affoiblis par le Feu : car
comme par ces deux mots on veut dire
que les Corps folides font difpofés
de façon, que leurs parties peuvent
plus aifément être féparées les unes
des autres ; il eft clair, par ce qui
vient d'être dit, que c'eft là l'effet
que le Feu produit, dès qu'il commence à agir fur eux, & qu'à mefure
qu'il augmente, il travaille toujours
plus efficacement à leur diffolution,
jufqu'à ce qu'enfin les plus durs perdent leur folidité, & deviennent fluides. Et cela eft confirmé par le té-
moignage des Hiftoriens de tous les
fiécles, qui s'accordent à nous dire
que les Corps ont toujours été mols
& foibles en Afie & en Afrique, où
les hommes font expofés aux ardeurs
d'un foleil brûlant, ce qui les rend
indolens & peu propres au travail,

Les fiévres ardentes produifent le même effet ; nos Corps en font en quelque façon diffouts & énervés : j'avoue auffi que ces mêmes fiévres les deffèchent & les rendent moins flexibles ; mais le Feu n'opére pas cet effet, parce qu'il eft difperfé dans leurs parties, mais parce qu'il en diffipe l'eau ; & ce n'eft qu'à cet égard qu'on peut dire qu'un Corps, foible auparavant, eft fortifié par le Feu.

EXPÉRIENCE II.

Le froid, par lequel on entend l'abfence du Feu , refferre dans toutes leurs dimenfions les Corps les plus durs, auffi long-tems qu'il agit fur eux. C'eft ce que j'ai démontré fi clairement dans la dernière partie de l'expérience précédente , que je ne pourrois m'étendre davantage là-deffus, fans témoigner que je n'ai pas grande opinion de la pénétration de mes Lecteurs. Mais cependant on me permettra d'expofer les conféquences qui en découlent. Voici la première.

Le Froid refferre les Corps.

1. Tous les Corps folides font *Quels qu'ils foient.*

également affectés par cette action du
froid : & jufques ici on n'en a obfervé aucun , quelque ferme & compacte qu'il fût , qui ne fût encore
condenfé davantage par le froid ; fans
en excepter même le diamant le plus
dur de tous les Corps.

Plus le Froid eſt grand , plus cette con-traction aug-mente.   2. Cette contraction des Corps
augmente à proportion que le froid
devient plus grand ; & par-là même
leur dilatation diminue continuellement. C'eſt là une remarque qu'il eſt
important de faire.

Il diminue les cavités d'un Corps.   Cette contraction a encore ceci de
fort fingulier ; c'eſt qu'elle a lieu
dans les fphères creufes, & dans les
anneaux orbiculaires, & que fa direction eſt vers le centre du Corps ou
de la fuperficie. Car fi l'on a un anneau de fer, dont l'ouverture, lorfqu'il eſt échauffé, foit précifément
telle qu'il la faut pour laiffer paffer
un cylindre de même métail ; ce cylindre ne paffera plus, dès que l'anneau fera froid. Ayez une boule de
verre qui fe termine en un cou cylindrique & fort étroit, & qui foit
remplie d'une liqueur colorée jufqu'à
un endroit du cou que vous aurez

foin de remarquer ; plongez-la dans une liqueur beaucoup plus froide que celle qu'elle contient, aussi-tôt la liqueur de la boule monte assez considérablement ; mais un instant après elle redescend : la raison de cela est que le froid appliqué extérieurement à la superficie de cette boule, lorsqu'on la plonge, ne pénétre dans la liqueur qu'elle renferme, qu'après avoir refroidi le verre, qui devenu par-là plus resserré & plus concentré, oblige la liqueur, qui n'est pas encore aussi froide, à monter dans le cou. Mais dès que le froid a eu le tems de pénétrer dans cette liqueur, vous voyez qu'elle se resserre & qu'elle descend. Cette expérience nous fait connoître la nature de cette contraction, dont le pouvoir s'étend sur la substance même des Corps, si je puis m'exprimer ainsi. Dans d'autres vases échauffés & exposés ensuite au froid, cette contraction est encore plus sensible.

3. Les expériences nous apprennent encore que cette contraction est toujours proportionnelle au froid ; que par-là la masse des Corps dimi-

nue ; que leur première pefanteur ab-
folue eft toujours la même , mais
que leur gravité fpécifique augmente.
C'eft donc dans le plus grand froid
que les Corps font les plus petits. Or
comme il n'y a aucun Corps affigna-
ble où fe trouve un froid abfolu , ou
dans lequel il n'y ait aucun Feu , cela
eft caufe que jufques ici il a été impoffible de réduire un Corps , une
once d'or par exemple , dans fon plus
petit volume poffible , quoique cependant on puiffe découvrir la proportion de cette condenfation par
rapport aux divers dégrés de froid.

La fubftance d'un Corps eft condenfée par le Froid.

4. La feule abfence du Feu eft donc
caufe qu'il s'éléve dans les parties ,
tant extérieures qu'intérieures de tout
maffe corporelle & folide , un mouvement des plus finguliers , par lequel
tous les atomes dont elle eft compo-
fée , tendent continuellement vers fon
centre , & par-là même s'uniffent plus

Ainfi le Froid eft quel- que chofe de propre au Corps.

intimément les uns aux autres. Si donc
le froid n'étoit autre chofe qu'une
fimple privation de Feu , alors cette
force qui refferre étroitement les Élémens d'un Corps , feroit quelque chofe de propre à la nature de la matière ;

au lieu que la force qui les dilate, dé-
pendroit du Feu ; par conféquent
cette dernière feroit quelque chofe
d'étranger & d'accidentel pour les
Corps, & elle leur cauferoit quelque
violence. Cela fuppofé tous les Corps
folides, tâcheroient de fe concentrer
dans de plus petites maffes, jufqu'à
ce qu'enfin ils fuffent réduits au plus
petit volume poffible, & alors ils ref-
teroient dans un repos parfait : au
contraire le Feu les agiteroit continuellement, & ne les laifferoit jamais
jouir d'aucun repos. Ainfi le dernier
effet du froid fur les particules des
Corps, eft de les unir fi parfaitement,
qu'elles foient dans un entier repos
les unes dans les autres ; & celui du
Feu eft de les tenir dans une perpétuelle agitation après les avoir défu-
nies.

Eft-ce donc que le Feu & le Froid *La Chaleur*
font les feuls agens qui affectent la *& le Froid*
fubftance même des Corps, pendant *font les prin-*
que les autres ne font impreffion que *cipaux agens*
fur les parties conftituantes ? Eft-ce *qui operent*
fur tous les
qu'un repos parfait dans un certain ef- *Corps.*
pace y produit le plus grand dégré de
froid ? S'il y avoit un endroit abfo-

lument fans Feu, y auroit-il dans cet endroit un repos total ?

Le Froid & la chaleur influent fur la figure de la Terre.

5. Les Pendules que le froid rend plus courts aux environs des poles de la terre, font un plus grand nombre de vibrations dans un tems donné, & les poids qui y font fufpendus, ayant leur matière plus condenfée fous une fuperficie moins étendue, rencontrent moins de réfiftence dans l'air. Ainfi n'auroit-on pas une des caufes de la figure fphéroïdale de la terre dans le froid qui fe fait fentir fous les poles & dans la chaleur qui regne aux environs de l'Equateur, & cela toujours dans une proportion fixe.

La Denfité produite par le Froid.

6. Le froid condenfe toutes fortes de Maffes folides, en reduifant ce qu'il y a en elles de corporel, à un efpace moindre que celui qu'il occupoit auparavant : par-là la matière eft unie plus étroitement, d'où il réfulte prefque toujours une plus forte cohéfion de toute la Maffe ; & c'eft là ce que nous appellons la force & la fermeté des Corps. La même caufe fait encore que les diverfes parties dont le Corps eft compofé, font plus fortement jointes les unes aux autres,

& ne pouvant pas être séparées aussi
facilement qu'auparavant. Voilà une
seconde cause de la fermeté des Corps.
Enfin, autant que nous en pouvons
juger, le froid condense les Élemens
des Corps, aussi bien que toute leur
masse, & c'est là ce que nous appel-
lions, il n'y a qu'un moment ▭ agir
sur la substance même ; par cette action ces Élémens acquerent leur plus
haut dégré de consistence & de force.
Mais si l'on veut pousser ses reflexions
plus loin, qu'est-ce que l'Esprit le
plus pénétrant découvre enfin sur les
derniers Corps, qui entrent dans la
composition des autres ? Quant à moi
j'avoue que tout ce que je puis concevoir ici, c'est qu'un Corps, s'il est
simple, est composé de Corps plus
petits, & parfaitement semblables au
tout, & que de même ceux-ci sont
composés d'autres plus petits encore, & ainsi de suite sans que nous
puissions fixer aucune borne à cette
composition. Qu'ainsi le Créateur a
mis dans certains Corpuscules un principe qui les unit & les forme en de petites masses si bien jointes, qu'il n'y
a aucune force soit naturelle soit ar-

C vj

tificielle, qui puiſſe les ſéparer & les
diviſer en parties plus petites, & qui
par conſéquent reſtent toujours les
mêmes, malgré tous les efforts qu'on
pourroit faire pour les altérer : qu'elles peuvent cependant ſe joindre avec
d'autres maſſes ſemblables, & former
entr'elles par leur attraction réciproque une union de durée, & qui ne
pourra être détruite que très-rare-
ment par un petit nombre de cauſes
déterminées, qui ne produiront encore ſur elles aucun autre effet que de
les ſéparer ſimplement, après quoi
elles reſteront toujours immuables,
comme elles étoient auparavant. Voilà tout ce que mes méditations atten-
tives ſur les pouvoir & les opérations
de la nature m'ont pu faire découvrir.
Par-là nous comprenons ce qu'il faut
entendre par les Atomes de Démocrite, par les Monades de certains
Philoſophes, par les principes Hylar-
giques de quelques autres, & par les
derniers principes des Corps de preſque tous les Philoſophes en général.
Eſt-ce donc que ces dernières particules, ſont ſi ſolides, que le Feu même ne peut pas pénétrer dans leur in-

térieur ? N'y a-t'il donc aucune force capable de les dilater, ou de les
comprimer davantage ? Et par conféquent, eft-ce que toute condenfation ou raréfaction fe borne au feul
Corps compofés de ces Atomes, fans
avoir aucune prife fur les parties élémentaires dont ils font formés ? Quoiqu'il en foit, il y a ceci de certain,
c'eft que les Phyficiens & les Médecins ont obfervé depuis long-tems
que tous les Corps folides, tant du
regne foffile, que du regne animal &
végétal, font fortifiés par le froid &
par la condenfation, qui en eft une
fuite.

7. Les viciffitudes du chaud & du
froid, qui regnent alternativement
dans le monde, femblent produire
une agitation continuelle dans l'univers, dans tous les Corps & dans
toutes les particules qui les compofent, toutes les fois qu'ils fe fuccé-
dent l'un à l'autre : car l'action de
chacun d'eux doit néceffairement opérer les effets que je viens de rapporter.

Changemens du Chaud & du Froid.

8. Mais ils ne continuent pas long-
tems à agir fur les Corps avec le mê-

Ils alterent en tout tems & par tout.

me dégré de force : leur action, au contraire, varie continuellement : quand l'un commence à devenir excessif, il est bientôt temperé par l'autre qui lui succéde, & qui produit des effets contraires. Car si nous examinons soigneusement l'ordre que suit la nature, nous trouverons qu'il n'y a rien qu'elle évite avec plus de soin que de laisser regner pendant long-tems le même dégré de chaleur ou de froid. La terre, par exemple, n'est-elle pas disposée à l'égard du soleil de façon, qu'elle reçoit ses rayons plus obliquement dans un tems, & plus perpendiculairement dans une autre, & qu'elle ne demeure pas même un seul instant dans le même aspect ? Les changemens de Chaleur, qui résultent continuellement de-là dans les diverses saisons de l'année, ne peuvent du moins que produire des effets différens. Les vicissitudes perpétuelles des jours & des nuits n'opérent pas des changemens moins considérables, elles font que le froid & le chaud conservent rarement pendant une heure le même dégré de force. Les Météores qu'on obferve dans l'air , font une preuve évidente de cette variation. A peine un foleil ardent a-t'il rechaufé la terre, & rempli l'atmofphère des vapeurs & d'exhalaifons , qu'auffi-tôt le ciel eft couvert de nuées, qu'on voit des éclairs, qu'on entend des tonnerres, qu'il tombe de la grèle ou de la pluye ; & ce font autant de caufes qui produifent en peu de tems un froid très-fenfible. De tout cela il faut conclure, que dans chaque Corps folide qui exifte dans notre monde , il y a un mouvement periftaltique ou ofcillatoire de toutes les parties qui concourent à fa compofition.

9. Il eft à remarquer ici que cette *ils font utiles à la Terre.* fucceffion réciproque du froid & du chaud produit fur la terre une variété beaucoup plus grande & plus forte , que fi l'un des deux duroit pendant un tems confidérable dans le même dégré. Si la chaleur , par exemple , refte long-tems la même, elle defféche les plantes & les animaux ; & elle fait que les parties folides deviennent plus durables : un froid continué produit le même effet. Mais s'il gèle & dégèle fouvent, tout fe diflout, tout de-

vient volatil, & se dissipe dans l'air.
Je n'aurois jamais fait, si je voulois
rapporter ici les autres effets qui sont
produits par cette même cause, ne-
fisse-je que de les indiquer.

Ils mettent tous les Corps dans un mouvement conti-nuel qui s'é-tend jusqu'à leurs parties les plus ca-chées.

10. C'est pour cela que le sage
Auteur de la nature semble avoir éta-
bli cette vicissitude constante dans le
monde. Comme elle met dans un
mouvement perpétuel, non-seulement
les grands Corps qui composent cet
univers, mais encore leur plus petites parties, celles qui sont les plus
cachées; il arrive de-là que la production, l'accroissement, la subsistan-
ce, la diminution & la dissolution de
chaque peuvent s'opérer suivant la
même loi.

On ne peut point fixer de bornes du Froid.

11. Il n'y a personne qui soit en
état de déterminer les bornes du froid,
ou un endroit dans lequel il soit à un
si haut dégré, qu'il ne puisse pas croître davantage. Cela arrive, dira-t'on,
là où il n'y a point de Feu. J'en conviens ; mais il est impossible de trouver un tel lieu : l'homme le plus ha-
bile ne peut par aucun art ôter tout
à fait le Feu d'un Corps ou d'un espace donné. Ainsi nous ne devons

pas prendre la peine de travailler à
faire des recherches plus approfon-
dies à cet égard ; ce seroit inutile-
ment. Mais peut on connoître plus
aisément le plus haut dégré de chaleur ? Nullement : car nous ne sçavons pas quelle quantité de Feu peut
être renfermée dans un certain espace. Nous sommes étonnés de la force
du Feu rassemblé en un même foïer
par de grands miroir concaves ou
par des verres brulans. Mais qui sçait
combien cette force pourroit être augmentée encore , si les surfaces concaves des miroirs étoient beaucoup
plus grandes , & de figure conoïdale
& parabolique , ou s'ils étoient faits
d'une matière solide , qui n'eut pas le
moindre pore , & qui eut la propriété de réfléchir les rayons précisément
tels qu'ils tombent sur elle ?

12. Il nous suffit, cependant , si *Mais on peut*
nous pouvons déterminer les dégrés *comparer en-*
de froid & de chaud qui ont ordinai- *tr'eux ses di-*
rement lieu sur notre terre. Et il nous *vers dégrés.*
sera aisé de connoître quand la cha-
leur augmente , diminue ou persiste
dans le même état , par les moyens
que nous avons indiqué. Pour cela

il faut surtout observer exactement la dilatation ou la contraction des Corps; ce qu'on peut faire facilement avec des instrumens propres à cet usage.

Et les ex-primer assez exactement en nombres.

13. Mais il faut l'avouer, c'est un travail qui demande beaucoup de génie & d'application, que de si bien déterminer la quantité de Feu dans un endroit donné, qu'on puisse exprimer en nombres la proportion qu'il a avec un autre Feu connu. On connoît d'abord & sans peine s'il est augmenté ; mais de sçavoir jusqu'à quel dégré cette augmentation a été poussée, cela est bien plus difficile. Cependant on s'appercevra bientôt, que les difficultés ne rendent pas la chose tout-à-fait impossible à l'industrie humaine. Voilà toutes les conséquences qui me paroissent suivre de ma première & de ma seconde observation sur la nature & sur la présence du Feu ; on peut les regarder, ce me semble, comme autant de vérités, d'une très-grande utilité en Chymie.

EXPÉRIENCE III.

La moindre augmentation de Feu

fait dilater l'air commun de tout côté,
dans toute fa maſſe , & dans chacune
de ſes parties.

C'eſt ce que les Philoſophes ont ſçu
depuis long tems, & ce que le fameux
Boyle ſurtout a prouvé très - ſolide-
ment : ainſi il n'eſt pas néceſſaire de
nous y arrêter.

Cette vérité a été ſuffiſamment dé- *Thermomè-*
montrée par le Thermomètre , qui eſt *tre d'Air de*
une invention de Corneille Drebbe- *Drebbele.*
le , originaire d'Alcmar ; car par le
ſeul ſécours de l'air raréfié ou condenſé , le Thermomètre , tel qu'on le
voit en A B D C , repouſſe ou attire PLANCHE
à ſoi les liqueurs d'une manière très- II. Fig. 1.
viſible. En ſouflant ſimplement ſur
ſa boule , on fait deſcendre la liqueur
colorée qui eſt dans ſon cou. Dès
qu'on ceſſe de ſouffler , elle remonte
auſſi-tôt. La même choſe arrive très-
promptement à l'approche de la main,
lorſqu'elle eſt échauffée.

On peut rendre ces Thermomètres *Corrigé.*
ſi ſenſibles au plus petit dégré de chaleur , qu'ils nous mettent ſous les yeux
ce mouvement continuel de contraction & de dilatation qui a toujours
lieu dans l'air. En voici la conſtruc-

tion. Le vaiſſeau qui contient l'air,
doit être fait avec du verre mince &
fort tranſparent, & formé de deux
ſegmens de ſphère, joints enſemble,
de façon que ces deux grands ſegmens
oppoſés A B, C D, ſoient fort près
l'un de l'autre : au reſte plus ce vaiſſeau eſt grand, & plus ſa figure eſt
écraſée, pourvu ſeulement que l'air
puiſſe y être contenu, y entrer & en
ſortir librement, plus il eſt propre
à faire voir les petites différences. Il
faut que ce vaiſſeau ſe termine en un
tuyau mince E F ouvert en F, &
anſſi étroit qu'il peut l'être ſans empêcher l'air d'y paſſer librement avec
toute ſa force. Quand il en eſt bien
rempli, & pour cela vous n'avez qu'à
l'expoſer à l'air commun, plongez
ſon extrémité F dans un petit vaſe
plein d'une eau fort colorée. Echauf-
fez enſuite tant ſoit peu la partie
A B C D, auſſi-tôt il ſortira de E F
par l'ouverture F des bulles d'air, ce
qui continuera auſſi long - tems que
vous tiendrez le Feu près de cette
partie. Quand un petit nombre de
bulles ſeront ſorties, cela ſuffira :
éloignez alors le Feu, & vous ver-

PLANCHE
II. Fig. 2 &
3.

rez la liqueur colorée qui montera
ſur le champ dans le tuyau. Si vous
avez eu ſoin que la chaleur n'aye pas
fait ſortir trop d'air, cette liqueur
s'arrêtera au milieu du tuyau E F, &
& là vous aurez le plaiſir de la voir
hauſſer ou ſe baiſſer continuellement
à la plus petite variation de chaleur
& de Froid ; & cela ſera plus ſenſible à proportion que le verre ſera
plus mince que le vaiſſeau A B C D
ſera plus grand à l'égard de l'ouverture du tuyau E F , & que les ſegmens A B, C B, ſeront plus près l'un
de l'autre : c'eſt ce qu'on peut aiſément démontrer dans l'Hydraulique.
On comprend ſans peine pourquoi
je préfere dans ce thermomètre les
ſegmens A B, C D, à une véritable
ſphére, & pourquoi je les veux à
une petite diſtance l'un de l'autre :
Perſonne n'ignore que la chaleur ou
le froid ſe communique beaucoup
plus vite à toute une maſſe d'air qui
eſt petite, & qui ſe préſente ſous
une ſurface très-étendue. Cependant
pour ne laiſſer aucun doute là-deſſus;
qu'on prenne une phiole chymique,
pleine d'air ordinaire ; ſon ventre doit

être fort grand, & son cou très-étroit ;
qu'on la plonge renversée dans l'eau,
& qu'on l'approche du Feu, aussi tôt
l'air est poussé hors du cou au travers de l'eau en forme de bulles. On
comprend donc qu'il est resté dans le
vase moins d'air qu'auparavant, suivant qu'il est sorti une plus grande
quantité de bulles. Dès que l'on éloigne la phiole du Feu, l'eau monte
avec vitesse dans le cou ; si on l'en
rapproche de nouveau, & qu'on l'en
éloigne ensuite, & cela alternativement, on remarque que cette même
eau monte & descend, & qu'à peine reste-t'elle deux momens en repos.

C O R O L L A I R E I.

Le Feu di-
late l'air.
L'air dilaté ainsi par le Feu, occupe un très-grand espace, qu'on a
de la peine à déterminer par des expériences. Si vous en voulez une
preuve, faites échauffer un verre
creux & sphérique dans un four de
verrier, jusqu'à ce qu'il soit prêt à se
fondre, & avant que de l'en retirer
scellez-le hermétiquement ; ensuite

laiſſez-le refroidir par dégrés avec beaucoup de précaution. On croiroit alors qu'il doit être vuide d'air; mais point du tout, car plongez-le dans l'eau, & rompez l'extrémité de ſon cou, l'eau y entre bien avec beaucoup de force. mais cependant il reſtera toujours au haut un eſpace plein d'air, qui ſoutient le poids entier de toute l'atmoſphere.

C'eſt-là une preuve évidente que ce grand Feu a très-fort raréfié, il *Mais il ne* eſt vrai, cet air, mais qu'il ne l'a pas *le chaſſe pas* tout-à-fait chaſſé. Il eſt vraiſembla- *tout-à-fait.* ble qu'un Feu encore plus violent **le** raréfieroit encore davantage, mais il eſt également vraiſemblable qu'il ne le dilateroit jamais à l'infini, & que par conſéquent il reſteroit toujours quelque peu d'air au milieu du du plus grand Feu. De quelques obſervations ſur ce ſujet M. Amontons a fort ingénieuſement conclu que l'air dilaté par la chaleur de l'eau bouillante, occupe un eſpace trois fois plus grand que celui qu'il occupoit auparavant. Je ſais bien qu'on peut faire ici une objection aſſez plauſible; c'eſt que cet air, qui dans notre derniere expérience se rassemble au haut de la phiole plongée dans l'eau, est sorti de cette eau même, pendant que le poids de l'Atmosphere l'a obligée de monter dans son cou. Car comme cette Phiole se remplit avec assez de lenteur, la premiere eau qui y entre se trouve dans un vuide plus parfait que celui de Boyle; & par conséquent une partie de l'air qui est mêlé avec elle doit nécessairement s'en dégager, se jetter dans cette espace vuide, s'y rassembler & empêcher qu'il ne se remplisse entierement. A cela je répond que je veux bien convenir du fait; mais en même tems on doit m'avouer aussi que cet air qui est passé de l'eau dans le vuide du verre, au bout de quelques heures est absorbé de nouveau dans cette même eau d'où il étoit sorti, & qu'alors toute la phiole se remplit d'eau. C'est ce que Mariote a découvert; & je le démontrerai aussi dans la suite, quand je serai parvenu à l'histoire de l'air. Mais comme dans ce cas ci le globe ne se rempli point; il est clair que dans cet espace qui ne donne pas en-

trée

trée à l'eau, il y a une partie de véritable air, qui n'a pas pu être chaffée par un Feu fi violent, mais qui a été fimplement dilaté. Et c'eft-là ce que j'ai avancé.

COROLLAIRE 2.

Confidérons à préfent la dilatation qui a lieu dans le Fer, comme je l'ai fait voir : nous la trouverons très-petite lors même que ce métal eft expofé à un Feu fi violent qu'il en devient rouge. Mais d'un autre côté faifons attention à la prodigieufe dilatation de l'air par une petite chaleur. On trouve bien qu'un Feu foible produit d'abord quelque dilatation dans le fer, mais cette dilatation n'eft fenfible qu'à l'aide d'un inftrument, au lieu que la raréfaction de l'air par le même dégré de Feu eft très remarquable. Nous ne connoiffons aucun Corps qui foit plus aifément affecté par un petit Feu que l'air, ni aucun qui foit plus difficile à fe fondre que le fer ; ou ce qui eft la même chofe, qui parvienne avec plus de difficulté

D

à la plus grande dilatation dont il eſt ſuſceptible.

C O R O L L A I R E 3.

La dilation de l'Air par le plus petit dégré de chaleur eſt ſenſible. Cela nous procure le plaiſir de dé-terminer & de rendre viſible la plus petite augmentation de chaleur dans l'air, preſque juſqu'à une meſure don-née ; ce qui peut être utile ici. Pour cela nous n'avons qu'à faire les deux ſegmens ſphériques de l'inſtrument décrit ci-devant, plus grands par rapport à la capacité du tuyau qui doit être fort long ; alors la moindre différence de chaleur ſera très-viſible dans le tuyau.

C O R O L L A I R E 4.

Le plus haut dégré de chaleur naturelle dans l'Air. Mais comme le plus grand dégré de chaleur naturelle qu'on ait remar-qué dans l'air, au milieu des jours les plus chauds de la canicule, éleve rarement au 90 dégré le Thermo-mètre de Fahrenheit, nous con-noiſſons par-là exactement les bor-nes de cette chaleur ; bornes au-delà

defquelles elle paffe très - rarement.
Toute fa variation naturelle confifte
dans des changemens qu'elle éprouve au deffous de ce dégré. Cela eft
caufe que l'ufage du thermomètre de
Drebbele eft très-aifé, & très-néceffaire ; mais on doit avoir toujours auprès un baromètre pour mefurer en
même tems les différens poids de l'atmofphere. Par ce moyen on pourra
fans peine obferver les plus petites
augmentations du plus bas dégré de
chaleur.

COROLLAIRE 5.

Si donc nous confidérons la gran=
de facilité avec laquelle l'air fe dilate ou fe contracte par la plus petite
augmentation ou diminution de chaleur, & fi en même tems nous nous
rappellons que la chaleur varie continuellement , nous comprendrons
clairement que cet air n'eft jamais en
repos, mais qu'il eft dans une agitation perpétuelle, qui communique
fans ceffe un mouvement d'ofcillation à chacune de fes particules. Et
cela fera également vrai de l'air que

D ij

nous appellons ouvert, qui n'eſt retenu dans la place qu'il occupe que par le poids de l'atmoſphere qui eſt au-deſſus, & de celui qui eſt contenu dans des vaſes fermés.

EXPÉRIENCE IV.

A la moindre diminution de chaleur, l'air ſe contracte en tout ſens, tant dans toute ſa maſſe, que dans chacune de ſes parties.

Cela paroît évidemment par tous les exemples que nous avons donné à l'occaſion de notre troiſiéme expérience; car on a toujours remarqué que cette contraction avoit lieu à proportion qu'on écartoit le Feu.

COROLLAIRE I.

L'eſpace qu'occupe l'air devient toujours plus petit auſſi long-tems que le Feu continue à diminuer, par conſéquent il eſt tout-à-fait impoſſible de déterminer le moindre eſpace, qu'une certaine quantité d'air contracté peut occuper; car, comme je l'ai déja dit, nous ne pouvons pas en ôter abfolument tout le Feu. La chofe eft très-vifible dans les thermomètre de Drebbele, expofés fucceffivement à divers dégrés de froid qui vont toujours en augmentant.

COROLLAIRE 2.

La plus grande contraction que le plus grand froid caufe dans tout autre Corps, eft moindre que la condenfation qui eft produite dans l'air, par la plus légere diminution de chaleur ou de Feu, qui ait pu jufqu'à préfent être rendue fenfible par quelqu'autre effet. A cet égard donc encore, l'air eft très-propre à nous faire connoître la quantité du Feu.

COROLLAIRE 3.

De plus, toute diminution de chaleur ou de Feu, ou la plus petite augmentation de froid, peut-être rendue vifible, & réduite à une mefure donnée. Car c'eft ici l'inverfe du Corollaire 3 de notre troifiéme expérience.

C O R O L L A I R E 4.

Le plus grand Froid.   Par conféquent l'ufage du thermomètre à air fera plus agréable & plus aifé à proportion qu'on aura plus exactement déterminé le plus grand dégré de froid, en obfervant foigneufement celui qu'on peut produire par l'art, & celui qui fe fait fentir naturellement au milieu des hyvers les plus rudes.

Naturel.   Pendant le grand froid de l'année 1709, on a obfervé en Iflande que la liqueur étoit defcendue dans le Thermomètre de Fahrenheit, jufqu'au premier nombre ; & moi-même je l'ai vû cette année, dans le jardin de notre Académie, au 5e dégré.

Artificiel.   Quelqu'expédient qu'on ait mis jufques ici en ufage, on n'a pu parvenir à produire en Eté un froid égal à celui de la glace, fans avoir auparavant de l'eau gelée fous la forme de neige ou de glace, ou de grêle, ou de gelée blanche ; & quoiqu'on en ait approché d'affez près, on n'y a jamais réuffi comme

il faut, à moins que la faison déja
froide, & fur le point d'amener la
gelée blanche, ne refroidit l'eau au
point néceffaire pour cela ; & cependant l'on a fait plufieurs expériences
qui demandent affez de travail, pour
produire le plus grand froid artificiel
poffible. Il y avoit déja long-tems
que les Chymiftes avoient remarqués
que certains fels produifoient, au moment qu'ils fe diffolvoient dans l'eau,
un froid plus grand que celui qui s'y
trouvoit avant le mélange. Entre ces
fels le plus propre à cet effet eft le
fel ammoniac commun, bien pur. J'en
ai pris quatre onces, réduites en une
pouffiere fine & fèche, & que j'ai
laiffées pendant une nuit dans un vafe de verre, net, fec & foigneufement bouché avec du liége ; j'ai mis
enfuite ce verre toujours bien bouché, pour que le fel qu'il contenoit
ne contractât aucune humidité, dans
de l'eau pure expofée en plein air
pendant une nuit ; & cela afin que
le fel ammoniac. l'eau & le verre fuffent également froids. Le lendemain
matin je mis dans cette eau un Thermomètre de Fahrenheit jufqu'à ce que

D iiij

le froid en fixât la liqueur au dégré 53, au deſſus de 0. Je jettai enſuite tout à la fois les quatre onces de ſel ammoniac dans douze onces de cette eau contenue dans un vaiſſeau de verre cylindrique, & auſſi-tôt avec un petit bâton je remuai & mêlai le tout très-fortement ; dans un moment la liqueur du Thermomètre deſcendit du 53ᵉ dégré au 25 ; la chaleur de l'air étoit alors de 51 dégrés. Il paroît par-là, que le ſel diſſout dans trois fois autant d'eau, produit 28 dégrés de froid dans ce Thermomètre.

Froid artificiel capable de produire de la glace. On peut donc toujours produire un froid artificiel égal à celui de la glace, dès que la chaleur de la ſaiſon ne fait pas monter la liqueur dans le Thermomètre au delà de 60 dégrés ; car on a obſervé qu'au moment que l'air extérieur eſt froid, au point que de faire deſcendre la liqueur de ce Thermomètre juſqu'au 32 dégré, l'eau parvenue à ce même froid ſe convertit en glace. Plus donc la température de l'air eſt au-deſſous du 60 dégré & approche du 32, plus le froid artificiel, qu'on exci-

tera par le moyen que je viens d'indiquer, furpaffera celui qui eft néceffaire pour geler l'eau.

Lors donc que le froid de l'eau
eft à peu près au 32 dégré, celui
qu'on produira par ce mélange, fera
defcendre la liqueur du Thermomètre
au 4ᵉ dégré. Or fi vous mettez de
l'eau dans un grand vafe, & que par
cette folution, vous la rendiez de 28
dégrés plus froide qu'auparavant; fi
vous y placez enfuite un autre vafe
plus petit rempli d'eau, pour donner
à cette derniere eau le plus grand
froid que la premiere qui refte froide
affez long-tems, eft capable de lui
communiquer : alors en mêlant de
nouveau du fel ammoniac avec cette eau contenue dans le petit vafe,
& refroidie dans la leffive du grand,
vous pourrez dans le tems le plus
chaud produire un froid plus grand
qu'aucun qu'on ait jamais fenti dans
ce pays. Lorfqu'enfin en fuivant cette méthode on a fait de la glace, &
qu'on la mêle avec du nouveau fel
ammoniac, on excitera encore un
plus grand froid. Ainfi au milieu
de l'Eté nous pouvons quand, nous le

Et même plus grand qu'il ne doit être pour cela.

D v

voulons produire un froid plus aigu que celui de l'Hyver le plus rude.

Il est difficile d'observer le moment de la congéla-tion.

Il faut cependant entendre avec précaution ce que je viens de dire ; car il faut savoir qu'il est assez difficile de bien déterminer la température de l'air, précisément nécessaire pour produire de la glace. La chaleur & le froid, une fois communiqués à un Corps, y restent assez long-tems avant que d'en sortir ; & plus la densité de ce Corps est grande, plus il conserve long-tems l'impression de la chaleur. C'est ce qu'on démontrera dans la suite. Quand donc l'air réduit la liqueur dans le Thermomètre au 32 dégré, cependant l'eau ne se gèle pas encore ; parce que l'eau qui est 800 fois plus condensée que l'air commun, conserve sa chaleur assez long-tems après que l'air a contracté son nouveau dégré de froid. Si quelqu'un donc souhaite de savoir exactement à quel dégré l'air doit être froid pour que l'eau commence à se geler, qu'il suspende un Thermomètre dans un endroit découvert & où l'air puisse circuler librement tout au tour ; car j'ai remarqué que si on

Moyen d'en déterminer le commencement.

le suspend contre une parois ou contre quelqu'autre Corps, la Chaleur
de ce Corps produira sur lui quelque effet. Après que son Thermomètre ainsi placé lui aura indiqué
précisément quel est le dégré de la
chaleur de l'Atmosphere, qu'il y expose de l'eau de façon qu'une petite
quantité offre à l'action de l'air une
superficie aussi étendue qu'il est possible : cela se fait commodément en
trempant dans l'eau pure un linge
très-fin & bien net, & en le laif-
fant ensuite pendant quelque - tems
étendu en plein air. Tout étant ainsi
disposé, dès qu'il fera un froid capable de produire de la glace, ce linge
deviendra roide, & par-là nous aver-
tira que l'eau commence à se geler
par ce froid. En suivant cette méthode, j'ai trouvé que l'eau commence déja à se gèler, lorsqu'a-
vec l'air elle a acquis un dégré de
froid qui fait descendre la liqueur
du Thermomètre au dégré 33 ; à
moins que quelque Corps voisin, ou
que sa quantité ne lui fasse conserver
sa chaleur plus long tems que l'air.

Il semble que c'est là la raison pour

La gelée

laquelle long-tems avant la glace, on voit de la gelée blanche ; qui n'est autre chose qu'une humeur congelée sur des Corps minces, qui se présentent à l'action de l'air sous une surface étendue, comme le gramen, les feuilles, les petites éminences qui se trouvent sur la superficie de la terre. Chacun a pû remarquer qu'à l'approche de l'Hyver, elle paroît sur les ponts qui sont suspendus en l'air, avant qu'on voye dans les rues ou sur l'eau aucune marque de glace. Il est aisé de comprendre que cela arrive, parce que la voûte du pont n'étant contiguë à rien, reçoit de tout côté les impressions de l'air froid qui l'environne. La même raison fait que le dégel y est aussi très-prompt ; mais les autres Corps qui sont plus épais, retiennent plus long-tems leur chaleur, car le froid de l'air ne se communique d'abord qu'à leur superficie extérieure, ensuite il pénétre insensiblement dans leur intérieur du côté de leur centre de gravité ; de sorte qu'à chaque moment le froid y devient grand de plus en plus, jusqu'à ce qu'enfin ils ayent été exposés à la

même température de l'air affez long-
tems pour que le froid fe foit difperfé également dans toute leur maffe : &
il eft affez difficile de déterminer précifément le tems dans lequel cela arrive.

Par-tout ce que j'ai dit fur ce fujet,
il paroît que le froid naturel, le plus
rude qu'on ait obferve jufqu'à préfent , fait defcendre la liqueur du
Thermomètre jufqu'à O ; au lieu que
le plus grand froid , que l'art ait pû
produire en faifant diffoudre des fels
dans de l'eau froide , ne paffe jamais
le 4ᵉ ou le 3ᵉ dégré.

Mais ici l'application infatigable *Production*
de l'ingénieux Fahrenheit lui a fait *d'un froid fur-*
découvrir une chofe à laquelle on ne *prenant.*
fe feroit pas attendu , & qui eft telle
que tous ceux qui aiment l'étude de
la Phyfique doivent lui en favoir
gré. Je vais rapporter cette belle expérience , telle que l'Auteur me l'a
communiquée.

Le rude Hyver que nous avons eu *Induftrie de*
en 1729, lui fourniffoit l'occafion de *Mr. Fahren-*
faire des expériences pour produire *heit.*
divers dégrés de froid ; le hazard
voulut qu'entr'autres chofes , il lui
vint dans l'efprit d'éprouver ce qui

arriveroit s'il mêloit à de la glace de
l'esprit de nitre, si fort, que son poids
comparé à celui de l'eau pure, lorsque ces deux liqueurs avoient 48 dégrés de chaleur, étoit comme 1409
à 1000. D'abord il en versa deux
onces sur de la glace pilée en petits
morceaux; dans un moment cela pro-
duisit un froid qui fit descendre la
liqueur du Thermomètre 4 dégrés
au-dessous de o. Cet effet surprenant & inattendu excita la curiosité
de cet excellent Ouvrier: il ne se
donna aucun repos jusqu'à ce qu'il
eut fait de nouvelles découvertes. Il
prépara un Thermomètre de vif-argent, sensible à la moindre variation de chaleur; il le divisa très-ex-
actement en parties qu'on pouvoit assez aisément distinguer, & il le cons-
truisit de façon que le o se trouva
placé dans le tuyau cylindrique 76
dégrés au-dessus de la boule. Il prit
ensuite de l'esprit de nitre dont je
viens de parler, réduit au même dégré de froid que l'air qui étoit alors
de 16 dégrés: il en versa sept onces
sur de la glace pilée fine, aussi-tôt la
liqueur du Thermomètre descendit de

30 dégrés, savoir depuis le 16 au-
dessus de ⊙, jusqu'au 14 au-dessous.
Le mercure du Thermomètre s'étant
arrêté-là, il versa la liqueur qui nâ-
geoit au dessus de la glace, & sur le
reste déja si froid, il répandit du
nouvel esprit de nitre. Aussi-tôt le
Thermomètre descendit au 29 dégré
au dessous de o. Alors n'ayant plus
d'esprit de nitre, il ne put pas pousser plus loin son expérience.

Pour y suppléer il prit de l'esprit
de sel marin, dont le froid étoit de
17 dégrés; il en répandit sur de la
glace pilée menue; d'abord le Thermomètre descendit 8 dégré au-dessous
de o. Ayant séparé ensuite la liqueur qui surnageoit, il versa de
nouvel esprit de sel sur la glace qui
restoit & qui étoit déja fort refroidie: alors le Thermomètre s'arrèta à
14, au-dessous de o. Après cette expérience qui luï avoit si bien réussi,
M. Fahrenheit ne crût pas devoir
s'arrêter en si beau chemin, il réso-
lut de pousser plus loin ses découvertes. Dans cette vûe, il se pourvut
de nouvel esprit de nitre, semblable au précédent ; mais l'air alors

s'étoit déja adouci, & il commençoit
à dégeler : ainſi il chercha un expédient pour conſerver le froid qu'il
prépareroit. Voici comment il s'y
prit pour cela. Il fit faire trois vaſes
cylindriques de fer blanc, & larges
à peu près de ſix pouces & demi;
dans ces vaſes il en mit trois autres
de verre, auſſi de figure cylindrique,
& qui avoient trois pouces & demi
de diamètre, afin qu'il y eut un eſpace vuide d'un pouce & demi entre
le verre & le fer blanc : les deux
fonds étoient auſſi à une égale diſtance. Il remplit exactement cet eſpace vuide avec du cotton, pour
que le froid y fut retenu plus long-
tems, & que la chaleur de l'air ne
détruisît pas trop promptement celui qu'il produiroit, & ne troublât
pas à chaque moment ſon expérience. Tout cela étant préparé, il
remplit de glace pilée les trois vaſes
de verre, & il y mit trois tubes de
verre de $\frac{3}{4}$ de pouce de diamètre,
pleins d'eſprit de nitre qui avoit alors
32 dégrés de chaleur, & il eut grand
ſoin d'ôter toute l'eau qui étoit ſortie de la glace quand on l'avoit pi-

lée : cela fait, il verfa quelque peu
d'efprit fur cette glace, & lorfque le
Thermomètre qui y étoit appliqué,
ne defcendit plus, il fépara de la
glace refroidie la liqueur qui y fur-
nageoit, & auffi-tôt il l'arrofa de
nouvel efprit qui étoit réduit au même dégré de froid dans les autres
vafes, par le foin qu'il avoit eu d'y
verfer auffi de l'efprit de nitre fur la
glace : après avoir réitéré l'affufion
de cet efprit fi froid fur la même glace jufqu'à quatre fois, & ayant toujours la précaution d'en féparer la liqueur qui fe formoit à chaque affufion, il vit qu'à la derniere le Thermomètre s'arrêta à 40 dégrés au-deffous de o. Un fi grand froid fit qu'il
fe formât dans l'efprit de nitre de petits cryftaux, aigus & longs d'un demi pouce ; & même tout cet efprit
étoit comme gelé, de forte qu'il n'é-
toit plus fluide, & qu'on ne pouvoit
le tirer du tube où il étoit, qu'en le fe-
couant affez fort ; mais dès que cet efprit ainfi épaiffi touchoit la glace, l'un
& l'autre fe fondoit, & en même tems
le mercure defcendoit dans le Thermomètre du 37ᵉ dégré au-deffous de

40. En mêlant des cendres gravelées à cette glace pilée, on a produit un froid de 8 dégrés au-deſſous de 0.

Qui auroit jamais pû ſoupçonner quelque choſe de ſemblable ? Le plus grand froid naturel qui ait jamais été obſervé, ne faiſoit pas deſcendre la liqueur du Thermomètre au-deſſous de 0 ; & cependant les animaux & les Végétaux ne pouvoient pas y réſiſter, tous ceux qui en étoient ſaiſis, mouroient d'abord. L'Art l'a augmenté de 40 dégrés ; mais ſi du 32 dégré qui eſt le point de congélation, la liqueur du Thermomètre monte 40 dégrés plus haut, la chaleur de l'air devient ſi grande. que les Hommes ne peuvent pas la ſoûtenir, s'ils n'ont pas ſoin de ſe rafraichir de tems en tems. Nous voyons ici clairement une choſe qu'on aura de la peine à croire, c'eſt que le froid qui eſt capable de convertir l'eau en glace, peut encore être augmenté de 72 dégrés. Qu'arriveroit-il dans le monde, s'il y ſurvenoit jamais un tel froid ? Nous obſerverons que de l'eſprit de nitre, auſſi fort que celui qui

a été employé dans cette expérience, se gele. Nous remarquons qu'i-
ci le mercure est si fort condensé,
que l'espace qu'il occupe est $\frac{1}{169}$ de
celui qu'il occupoit auparavant. Nous
voyons cependant que ce Corps merveilleux au milieu d'un tel froid, &
quoique si fort condensé, conserve
toujours sa fluidité, sa mobilité, sa
facilité à se dilater, sans aucune altération. Nous voyons de plus que
la substance de ce mercure depuis le
600 dégré, dans lequel il commence à bouillir, jusqu'au 40 au-dessous
de 0, souffre une contraction de 640
parties de toute sa masse, lorsque
celle-ci vaut 10782. Ainsi son poids
spécifique peut être augmenté ou di-
minué d'un dix-septième par le dégré de chaleur ou de froid que nous
connoissons ; & par-là nous voyons
que le froid le fait insensiblement approcher du poids de l'or. C'est à des
expériences certaines que nous sommes redevables de toutes ces connoissances. Si on les poussoit plus loin
on feroit vraisemblablement bien
d'autres découvertes ; car y a-t'il
quelqu'un qui soit en état de déter-

miner les plus grands dégrés de froid,
que la nature ou l'Art pourroient
produire par d'autres moyens qui
nous font encore inconnus ? » Bel
» exemple à fuivre ! L'Auteur ne fait-
» il pas affez voir ici combien il faut
» avoir de précaution dans les con-
» féquences que l'on déduit en Phy-
» fique. Après avoir rapproché &
» comparé les obfervations que la na-
» ture & l'Art ont fourni fur le plus
» grand froid, ne fait-il pas fentir
» qu'il pourroit bien y en avoir un
» plus grand ? & il avoit raifon. En
» effet, on a vû en plufieurs régions
» le froid naturel furpaffer de beau-
» coup celui de 1709. Meffieurs de
» l'Académie Royale des Sciences,
» qui ont été faire des obfervations
» vers le Nord, en ont remarqué un
» plus grand de 40 dégrés que n'é-
» toit à Paris celui de 1709 ; mais
» celui que l'on dit avoir obfervé à
» Kamzatkha furpaffoit encore de 10
» dégrés celui de Torneo : ainfi le
» froid dominoit alors à Kamzatkha
» de 103 dégrés au-deffus du point
» de température ; & fi on compte
» du premier dégré de congellation

» le froid glacial de ce pays-là,
» étoit de 83 dégrés naturels; froid
» bien plus considérable que l'ar-
» tificiel qu'on a tâché d'exciter juf-
» qu'à préfent. Y a-t'il quelqu'un
qui puiffe décrire les changemens qui
arriveroient tant dans les Corps folides que dans les fluides, qui feroient expofés à un tel dégré de
froid? Ceux qui auront véritablement à cœur de perfectioner la Phyfique, doivent autant qu'ils le pourront, expofer à ce froid toutes fortes
de Corps, & bien examiner les changemens qui leur arriveront alors, on
fera par là plufieurs utiles découvertes, dont je ne parlerai pas pour le
préfent. Cependant tout l'honneur en
reviendra au premier qui a fait ces
expériences; c'eft lui qui a rompu la
glace, & qui nous a montré le chemin qu'il faut fuivre pour pouffer
plus loin nos connoiffances à cet
égard.

COROLLAIRE 5.

Enfin l'inverfe du 5e Corollaire
de la 3e expérience, eft évidemment

prouvée ici ; c'est que l'air, libre ou renfermé dans un vase, est très-rare-ment en repos pendant un seul mo-ment.

Expérience V.

L'esprit de vin rectifié, est dilaté dans toute sa masse, & de tout cô-té par une petite augmentation de Feu.

Pour le prouver, je prend un va-se de verre qui contient 1933 par-ties de cet esprit ; il se termine en un cylindre creux, étroit, & d'une capacité égale par-tout : tout ce cy-lindre contient 96 parties semblables à celles qui sont au nombre de 1933 dans la partie inférieure : il est de plus divisé par des nombres qui ré-pondent à ces parties. Dans le grand Hyver de 1709, en un pays des plus froids, l'esprit de vin fut condensé dans un tel vase jusqu'au premier nombre ; & lorsque je lui appliquois le dégré de chaleur qui se trouve dans un homme qui se porte bien, la liqueur montoit & remplissoit le cy-lindre jusqu'au nombre 96.

COROLLAIRE I.

Par conséquent, dans cet instrument la liqueur considérée dans l'état où elle a été réduite par le plus grand froid naturel qui ait été observé, se dilate par la chaleur vitale d'un homme qui est en santé, jusqu'à la vingtième partie de toute sa masse. Encore faut il remarquer ici que nous supposons que la capacité intérieure du Thermomètre est restée la même, ce qui n'est point, car elle s'est aussi dilatée comme il paroît par le second Corollaire de la seconde expérience.

COROLLAIRE 2.

Si donc nous pouvions connoître exactement la proportion de la cavité de cet instrument dans le plus grand froid à cette même cavité, lorsqu'il est dilaté par la chaleur vitale, alors nous pourrions aussi déterminer au juste, combien la masse de cette liqueur a été augmentée par quelque dégré que ce soit de la chaleur contenue entre ces deux limites; il faudroit seulement prendre

Difficulté qu'il y a à déterminer la raréfaction des fluides.

la différence de ces deux diverses capacités pour l'exposant de cette dilatation.

» Voici le moyen que j'imagine
» dont on pourroit se servir pour dé-
» couvrir cette proportion. Ce se-
» roit de prendre un Thermomètre
» dont on marqueroit le dégré d'élé-
» vation avant que de le plonger dans
» l'eau chaude; puis celui auquel la
» liqueur se seroit élevée après l'y
» avoir plongé. Il faudroit ensuite
» remplir exactement un vase d'eau
» chaude qui tient le Thermomètre
» au même dégré d'élévation que la
» premiere, plonger le Thermomè-
» tre dans ce vase en observant de
» mettre un autre vase au dessous pour
» recevoir l'eau qui sortiroit du pre-
» mier, & de l'y conserver aussi chau-
» de, afin de pouvoir juger du volu-
» me que le Thermomètre auroit dé-
» rangé. Ceci étant fait, en rem-
» plissant exactement le vase ou un
» autre d'eau froide, & y plongeant le
» même Thermomètre refroidi, on
» seroit alors à portée de juger de la
» dilatation de la boule du Thermo-
» mètre, par la comparaison du vo-
» lume

» lume d'eau froide & d'eau chaude
» qu'il auroit déplacée en le plongeant
» dans les vases qui en étoient rem-
» plis.

COROLLAIRE 3.

Il suit de-là que si l'on pouvoit
comparer suivant les règles de l'Hy-
droſtatique, de l'Alcohol bien pur,
aux environs des Poles du monde,
avec de ce même Alcohol obſervé
entre les deux Tropiques, on trouveroit que ſon poids ſpécifique eſt
fort différent dans ces divers lieux.
Car il eſt clair que tous les liquides de la même eſpèce, ſont ſous
le même volume plus peſants aux environs des Poles, & qu'ils ſont beaucoup plus légers auprès de l'Equateur. Ne ſeroit-ce point là une autre
cauſe Phyſique pour laquelle la terre
a la figure d'un ſphéroïde comprimé?
Car dans un de ces endroits une maſſe plus petite pèſe autant qu'une plus
grande dans l'autre, & toutes les
deux tendent avec une égale force
vers un centre commun.

Autre cauſe de la figure de la terre.

E

C O R O L L A I R E 4.

Les Arco-
mètres ne font
pas parfaite-
ment exacts.

On a obfervé que les mêmes vafes qui contiennent des liqueurs de
la même efpèce, font beaucoup
moins pleins en Hyver qu'en Eté ;
car les parties folides des vafes ne fe
dilatent pas autant par le même dégré de Feu, que les fluides qui y font
contenus. Les Chymiftes l'ont fouvent éprouvé à leur dommage ; il leur
eft arrivé plufieurs fois qu'ayant tout-
à-fait rempli en Hyver des vafes avec
quelque liqueur précieufe, par la chaleur de l'Eté, la liqueur a pénétré à
travers les bouchons, ou les a fait fau-
ter, ou même a fait peter les vafes. De-
venus plus prudents par ces accidens,
ils ont foin de n'en jamais remplir
aucun en Hyver fans en laiffer environ la 18 partie vuide ; ou ils les
échauffent, auffi bien que la liqueur
qu'ils doivent y mettre, de forte qu'il
n'eft pas apparent que la plus grande
chaleur de l'Eté les échauffera davantage.

COROLLAIRE 5.

Si l'on échauffe l'Alcohol jusqu'à ce qu'il commence à bouillir, il mon-te dans le cylindre jusqu'au nombre 174 : il se dilate donc alors à peu prés jusqu'à l'onziéme partie de toute sa masse, & même au-delà, comme cela paroît par ce que nous avons obser-vé dans le premier Corollaire de cette expérience à cette occasion. Remar-quons ici en passant qu'il y a une différence très - considérable si l'on achete de l'Alcohol par mesures, dans le plus fort de l'Hyver, ou si on l'a-chette pendant les chaleurs de la ca-nicule. Dans le plus grand froid l'Al-cohol est 40 dégrés au-dessous de 0, & lorsqu'il commence à bouillir, il parvient jusqu'au 174, au dessus de 0 ; il peut donc y avoir une différen-ce de 214 partie sur 1933 ; ainsi il peut se contracter ou se dilater d'un neuvième de toute sa masse.

Prodizieuse raréfaction de l'Alcohol.

COROLLAIRE 6.

Si vous exposez l'Alcohol sur un

L'Ebullition

Feu affez grand pour le faire bouillir, fa partie fupérieure s'envole, &
à mefure que cela fe fait, il paroît
dans l'efpace qu'elle laiffe vuide une
vapeur qui s'étend de tout côté, &
qui s'épaiffit à chaque inftant de plus
en plus ; cela eft caufe qu'on ne peut
pas commodément mefurer plus long-
tems fa dilatation. Dès que vous ou-
vrez le haut du Thermomètre, auffi-
tôt cette vapeur raréfiée s'en exhale,
& il eft impoffible de favoir exactement jufqu'à quel point la liqueur eft
alors dilatée.

COROLLAIRE 7.

Il fuit de là qu'il n'eft guères poffible que l'Alcohol foit jamais dans
un repos parfait ; car s'il eft renfermé dans un vafe, vuide ou rempli
d'air dans fa partie fupérieure, il fe
dilate toujours, & fe réfoud en vapeur où il fe condenfe, & la vapeur
redevient Alcohol, à moins que l'air
ne conferve par hazard fans aucune
altération, fon même dégré de froid
ou de chaleur. Quand on le met dans
un vafe ouvert, expofé à l'air, il ne

fera pas plus tranquille ; mais comme nous l'avons remarqué ci-devant fur l'air, il aura un mouvement continuel de contraction & de dilatation, auffi long-tems qu'il y aura des augmentations ou des diminutions fucceffives de chaleur dans l'Atmofphére ; or il y en a toujours. Ce mouvement devient fur-tout rèmarquable lorfque le froid ou le chaud deviennent exceffifs ; mais il arrive rarement que cela dure long-tems. Enfin les Médecins aprennent ici que l'Alcohol , mêlé avec les humeurs du Corps humain , doit y caufer des Ofcillations fenfibles & fréquentes , parce qu'il fe trouve fucceffivement preffé dans les artéres & échauffé par le frottement, & enfuite plus au large dans les veines & par-là même réfroidi ; mais en voilà affez là-deffus, chacun peut aifément pouffer plus loin fes méditations.

Ce qui fait connoître certaines chofes inutiles aux Médecins.

E X P É R I E N C E VI.

L'huile de térébenthine la plus légère, celle qu'on appelle huile étherée, fe dilate dans toute fa maffe par une petite augmentation de Feu.

Pour le prouver, je prend une phiole fphérique qui fe termine en un cou cylindrique, long & étroit; je je la remplis de cette huile jufqu'à l'endroit où fon cou commence : je la plonge dans un vafe plein d'eau auffi froide que l'eft cette huile, qui refte par conféquent à la même hauteur. Enfuite je mets ce vafe avec fon eau & cette phiole fur le Feu. Auffi-tôt à mefure que l'eau qui eft dans le vafe, & par-là même l'huile de la phiole s'échauffe, l'huile monte dans le cou du verre, de forte qu'à peine refte-t'elle un inftant à la même place. Je tiens cette eau fur le Feu jufqu'à ce qu'elle commence à bouillir; alors l'huile refte à la même hauteur; elle ne monte pas davantage, quoique je la retienne fort long-tems dans cette eau bouillante, mais elle ne defcend pas non plus. Je fais plus, je mets une plus grande quantité de Feu autour du vafe qui eft de cuivre; l'eau en bouillonne avec plus de violence; cependant l'huile refte toujours immobile dans le verre. Un Thermomètre de mercure ne monte pas plus haut non plus dès qu'une fois l'eau commence à bouillir. Les Philosophes font redevables de cette belle découverte au favant & ingénieux M. Amontons. On ne fauroit la révoquer en doute, puifqu'elle eft encore confirmée par les expériences qu'on fait tous les jours fur prefque toutes fortes de liqueurs. La franchife dont je ferai profeffion toute ma vie, m'oblige d'avouer que rien ne m'a plus fervi pour découvrir l'utilité du Feu dans les recherches les plus profondes de la Chymie & pour en connoître les propriétés, que cette expérience de cet illuftre Savant. Il faut voir la chofe dans fa fource même, & lire ce que l'Auteur a écrit là deffus dans les Mémoires de l'Académie Royale des Sciences. On y trouvera qu'il a démontté par dès effets que l'eau echauffée par le Feu au point de bouillir véritablement, ne peut plus être échauffée davantage, quoique l'on augmente le Feu autant qu'il eft poffible. Cette belle découverte peut cependant être perfectionnée par une obfervation

fort subtile de l'industrieux Fahrenheit. Il a remarqué que la chaleur de
la même eau bouillante est toujours
constamment plus grande, lorsque sa
surface est pressée avec plus de force
par le poids de l'Atmosphere ; &
que cette chaleur diminue lorsque la
pesanteur de cette même Atmosphere diminue. Lors donc qu'on veut
déterminer exactement le dégré de
chaleur de l'eau bouillante, il est nécessaire de remarquer en même tems
dans un Baromêtre quel est le poids
de l'air dans ce moment-là, autrement on ne peut rien savoir de certain ; cependant il reste toujours vrai
que le Feu, quelqu'augmenté qu'il
soit, ne sauroit donner à l'eau bouillante un plus grand dégré de chaleur, aussi long-tems que le poids de
l'Atmosphère reste le même ; de sorte qu'avec cette correction la règle de
M. Amontons est toujours certaine.
Lorsque la plus grande différence du
poids de l'air est de trois pouces,
on trouve dans la chaleur de l'eau
bouillante sous ces divers poids une
différence d'environ 8 ou 9 dégrés.
De-là l'Auteur de cette découverte

conclut avec raifon, que plus les
parties de l'eau font preflées entr'elles par l'augmentation du poids qu'elles ont au-deffus d'elles, plus il faut
de Feu pour les écarter les unes des
autres, c'eft-à-dire pour les faire
bouillir. Il a encore tiré de-là cette
belle conféquence, c'eft qu'un Thermomètre mis dans l'eau bouillante
marquera pour ce tems-là la pefanteur de l'Atmofphere par le dégré
de chaleur qui s'y produira, & qu'ainfi il pourra fervir à déterminer cette
pefanteur fur la mer, où les Baromè-
tres vacillent trop ; mais il faudra
pour cela rendre vifible dans le Thermomètre chaque dégré de chaleur,
ce qu'on peut faire très-aifément. Enfin nous remarquerons qu'il fuit d'ici
que plus notre Atmofphere eft preffée, c'eft-à-dire, que plus elle eft près
de la furfáce de la terre, plus auffi elle
eft échauffée par la chaleur du Soleil,
& qu'elle l'eft moins à mefure que
cette preffion diminue, c'eft-à-dire,
dans les parties fupérieures de l'Atmofphere. Cela répond aux expérience, car quoique les fommets des
plus hautes montagnes foient plus

E v

près du Soleil; & ne soient jamais couverts de nuages, cependant il y fait un froid si grand, que la neige y dure toute l'année sans se fondre. Voulez-vous vous convaincre de cette vérité par vos propres yeux? Mettez sous un récipient de la machine Pneumatique un verre plein d'eau chaude de 56 dégrés : tirez-en l'air peu-à-peu, vous verrez manifestement qu'il se fera une ébullition dans l'eau à mesure que vous diminuerez l'Atmosphere; & cette ébullition disparoîtra tout-à-fait dès que vous laisserez rentrer l'air dans le récipient. Par-là vous pourrez déterminer quel est le dégré de chaleur nécessaire pour que l'eau commence à bouillir sous un certain poids de l'Atmosphere, que vous connoîtrez à l'aide du Baromètre attaché avec son indice à la machine. Qui ne voit qu'on peut faire par ce moyen plusieurs belles découvertes, auxquelles on n'a pas pensé jusqu'à présent? Je dois encore faire remarquer ici une chose qui mérite bien d'être connue. Faites bouillir dans la Machine de Papin, de l'eau & de l'air si bien enfermés

enfemble, que rien ne puiffe fortir du
vafe qui les contient. Alors l'eau fe
dilate jufqu'à $\frac{1}{85}$ de toute fa maffe, &
l'air jufqu'au $\frac{1}{3}$; par conféquent cette eau eft preffée, comme elle le
feroit fi l'Atmofphere ordinaire avoit
augmenté fa preffion de 10 pouces;
ainfi l'eau bouillante dans cette Machine doit acquérir 33 dégrés de chaleur de plus qu'à l'ordinaire, par cette feule raifon; car je ne parle point
de celle qui réfulte du mouvement &
du frottement des parties d'eau &
d'air entr'elles, & contre les parois
du vafe. Il n'eft donc pas furprenant
fi l'on produit des effets fi violents à
l'aide de cette machine. Si à préfent
vous voulez examiner à la balance
la proportion de l'huile de térébenthine dilatée par l'eau bouillante dans
cette expérience, à cette même huile
dans fon état précédent; voici comme vous devez calculer. L'huile rem-
pliffoit la phiole précifément jufqu'au
commencement de fon cou, quand
l'eau, le verre, l'huile & l'air, avoient
52 dégrés de chaleur fuivant le Thermomètre de Fahrenheit. Lorfque l'eau
bouilloit & que l'huile ne montoit

E vj

plus, le Thermomètre étoit au 212 dégré, & l'huile étoit parvenu dans le cou jufqu'à la marque dont j'ai parlé. Si l'on pèfe ce vafe, plein jufqu'à cette même marque d'une hui-le qui n'a que 52 dégrés de chaleur; fi enfuite l'on verfe de cette huile, pour qu'elle ne rempliffe la phiole que jufqu'à l'entrée du cou, & qu'alors l'on pèfe de nouveau ce vafe, on dé-couvre au jufte quelle eft la dilata-tion de cette huile; après l'avoir exa-miné j'ai trouvé qu'elle montoit à une grande partie de toute la maffe; & je dois encore avertir ici, que je n'ai eu aucun égard à la dilatation de la capacité du vafe dans ce dégré de chaleur. J'en ai déja parlé ci-devant, ainfi je n'en ferai plus mention dans la fuite. Voyez le Corollaire 2 de la 5 expérience.

On ne doit pas être furpris, fi je détermine ici dans l'huile de térében-thine les bornes de la dilatation par l'eau bouillante, ce que je n'ai pas fait dans l'expérience précédente. La raifon en eft évidente. L'Alcohol bout à un Feu beaucoup plus petit que celui qui fait bouillir l'eau: or dès qu'il commence à bouillir, on ne peut plus mesurer sa dilatation. Voyez le Coroll. 5. de l'Exp. 5. Au lieu que la plus grande chaleur de l'eau bouillante ne peut exciter aucune ébullition dans l'huile de térébenthine, quoique beaucoup plus légere que l'eau : sa superficie reste tranquille dans ce dégré de chaleur : on peut par conséquent mesurer commodément sa dilatation.

Avant que de passer à une autre expérience, qu'il me soit permis de faire remarquer quelque chose de fort étonnant dans cet ébullition des liqueurs. L'Alcohol qui est plus léger, bout plus vite que l'eau, suivant une proportion que je déterminerai dans la suite; & l'eau qui est plus pesante, bout cependant beaucoup plus vite que l'huile de térébenthine. L'affinité qu'il y a entre le Feu & les huiles inflammables est-elle cause de cela ? Ou bien le poids spécifique de la liqueur qui bout, fait-il ici quelque chose ? Ou enfin faut-il en chercher la raison dans le plus ou le moins de ténacité qui joint les parties les unes aux autres ? On verra dans la

Singularités de l'ebullition.

suite quelle peine je prendrai pour résoudre ces questions ; & je crois que je prouverai que toutes ces causes ont ici quelque influence, & qu'il faut encorc leur joindre la diversité qu'on remarque dans la gravité de l'Atmosphere. Voyez là-dessus l'incomparable NEWTON dans son Optique.

EXPÉRIENCE VII.

Raréfaction de l'eau bouillante

L'eau de pluie bien nette & échauffée insensiblement par un petit Feu, se dilate de tout côté & dans toute sa masse, à chaque augmentation de chaleur.

Ayez de cette eau dans un verre de Thermomètre, si sa température est telle qu'elle remplisse le tuyau jusqu'au 56 dégré, vous verrez qu'en l'approchant du Feu, elle montera peu-à-peu, jusqu'au 212. arrivée à ce dernier dégré elle s'arrête, & elle a acquis toute la dilatation dont elle est susceptible ; elle se dilate donc au de-là de $\frac{1}{85}$ de toute sa masse.

EXPÉRIENCE VIII.

Le vif-argent se raréfie aisément à l'approche de la chaleur. Je rend la chose très-sensible par un excellent Thermomètre que j'ai de Fahrenheit, & qui est tel que je le souhaitois. Le Cylindre inférieur de ce Thermomètre contient 11124 parties de mercure, qui dans le plus grand froid qu'on a observé en Islande, s'étendoient jusqu'à la marque 0, depuis laquelle on commence à compter, en montant, les dégrés de chaleur. Quand je le plonge dans de l'eau qui devient chaude de plus en plus, on voit que le vif-argent monte continuellement jusqu'à ce que l'eau commence à bouillir; alors il s'arrête au nombre 212, ou un peu plus haut: en mettant donc alors à part la dilatation du verre, il occupe 11336 de ces petits espaces dont il n'en remplissoit que 11124 dans le plus grand froid. Par conséquent ce dégré de chaleur le fait dilater jusqu'à $\frac{1}{52} = \frac{5}{53}$ de toute sa masse.

Raréfaction du mercure dans l'eau bouillante.

COROLLAIRE 1.

Les leſſives les plus fortes de ſel marin, de nitre, de ſel alcali fixe, en un mot tous les liquides ſur leſquels on a fait juſqu'à préſent des expériences, ſe dilatent de la même maniere par la chaleur. De ſorte que l'air, l'Alcohol, l'huile, l'eau, les eſprits des ſels, les leſſives des ſels, l'huile de vitriol, le mercure ſont tous ſoumis à cette même loi.

COROLLAIRE 2.

La cauſe qui dilate tous ces Corps paſſe dans les liqueurs à travers les verres , & à travers toutes ſortes d'autres vaſes.

COROLLAIRE 3.

Cette cauſe précéde de ce que tous les hommes s'accordent à appeller chaleur ou Feu.

S C H O L I E.

Dans la suite donc, par le Feu, j'entendrai cette chose qui, quoique inconnu d'ailleurs, a en soi la propriété de pénétrer tous les Corps, tant solides que fluides, & de les dilater par-là, de façon qu'ils occupent un plus grand espace qu'auparavant. Je ne me rappelle pas qu'il y ait aucun autre être dans le monde qui ait ces deux propriétés, excepté celui que tous les hommes appellent Feu; & il n'est jamais présent dans aucun Corps, sans y produire ces deux effets: plus il augmente, plus la dilatation des Corps est grande. Or voilà une marque qui suffit en Physique pour désigner & pour distinguer des Corps particuliers; & même on n'en a aucune d'une autre espèce, quoique puissent dire certains Philosophes oisifs, prévenus en faveur de leurs subtiles spéculations. Il faut donc remarquer soigneusement les propriétés que nous pourrons découvrir dans le Feu, considéré sous ce point de vuë. Celle

Carractere physique du Feu.

qui me paroît être la premiere, c'eſt qu'il exiſte en tout tems & en tout lieu. Je vais le démontrer par les expériences ſuivantes.

EXPÉRIENCE IX.

Premiere maniere de produire le Feu. Dans un tems & dans un lieu bien froid, prenez une lame de fer épaiſſe & froide, mettez-la ſur une autre également froide, & par le moyen d'un poids, ſous lequel vous les placerez, preſſez-les l'une contre l'autre; enſuite agitez rapidement celle de deſſus, elle commencera bientôt à s'échauffer, dans peu de tems elle deviendra brûlante, & même juſques-là qu'il en ſortira des étincelles, & qu'enfin toute la maſſe ſe rougira comme ſi elle ſortoit d'un Feu ardent.

COROLLAIRE I.

On peut ainſi produire du Feu en quelque tems que ce ſoit, & il n'importe pas ſi la ſaiſon eſt froide ou chaude; & même plus les Corps ſont condenſés par le froid, plus ils s'échauffent, si d'ailleurs toutes les autres circonstances sont les mê-mes.

COROLLAIRE 2.

Jusques ici on n'a découvert au-cun lieu où cette expérience ne réus-sisse pas. Allez sur le sommet d'une montagne, ou descendez dans les souterrains les plus profonds, soit au milieu de l'Eté, soit au plus fort de l'Hyver, vous produirez toujours du Feu de cette façon ; plus promp-tement, il est vrai, & plus violem-ment dans les lieux secs que dans les endroits humides, mais cependant vous en aurez toujours par-tout. On observe même qu'on en peut tirer de tous les Corps solides, quels qu'ils soient.

COROLLAIRE 3.

Les Corps frottés l'un contre l'au-tre, s'échauffent même dans le vui-de : c'est ce qui paroît clairement par les observations exactes du fameux HAUKSBÉE, & sur-tout par celles du célébre s'GRAVESANDE, mon collègue & mon ami, formé par la nature & perfectionné par l'art pour étendre les bornes de la Physique , qu'il enrichit tous les jours par ses belles découvertes.

COROLLAIRES 4.

Mais ce qu'il y a ici de plus remarquable, c'est que le Feu produit comme je viens de le dire, pénètre toutes sortes de Corps, même les plus denses ; qu'il les échauffe, les dilate, les brûle, les fond ; qu'il reluit & qu'il brille ; en un mot qu'il opere précisément tous les mêmes effets qu'on sait être opérés par le véritable Feu. On peut donc conclure que c'est un Feu réel, quoiqu'il se produise sans aucune nourriture, ou sans aucun Feu préexistant, différent en cela du Feu ou de la flâme de nos foyers qui tirent ordinairement leur naissance d'un autre Feu, ou d'une autre flamme.

COROLLAIRE 5.

On a remarqué généralement que plus ces Corps que l'on frotte ainfi l'un contre l'autre, font durs & fermes, plus le Feu qu'on excite par leur frottement eft violent. De forte que le même Corps, fuivant qu'il eft plus mol ou plus dur, produit un dégré de chaleur tout différent. Le fer rougi au Feu jufqu'à être fur le point de fe fondre, étant réfroidi lentement à l'air pendant un tems chaud, refte fort mol & flexible. Si au contraire on le trempe promptement dans l'eau froide, alors fes parties mifes en mouvement, & rendues fléxibles par le Feu, fe trouvant comprimées par une contraction fubite, fe joignent beaucoup plus étroitement, & le fer en devient exceffivement dur, roide & élaftique. Or chacun fait combien le fer ainfi durci par le froid, eft plus propre à donner du Feu, que quand il eft mol. Si un vent violent foufflant fur les aîles d'un moulin à vent, en fait tourner avec rapidité

Première Caufe qui rend ce Feu plus violent

le grand axe, fur le bloc folide qui lui fert de foutient, il en fort du Feu & de la flamme; mais lorfqu'on met du plomb entre deux on a pas à craindre une grande chaleur. Si l'on frappe fortement un caillou avec un morceau d'acier bien dur, il en tombe des étincelles, ce qui n'arrive point fi l'on frappe le caillou avec un morceau de fer tendre. De là vient que fi l'on met quelque chofe de mol entre deux Corps durs, à peine en pourra-t'on tirer quelque peu de Feu par le plus grand frottement; mais dès que cette chofe eft confumée, & que les furfaces des deux Corps fe frottent l'une contre l'autre, alors on voit fortir le Feu en abondance. Si vous frottez par exemple, deux lames de fer enduites d'huile, vous ne produiriez pas une grande chaleur; mais fitôt que les fuperficies de ces lames fe toucheront immédiatement, la même agitation les échauffera exceffivement.

Si donc vous avez différens Corps, femblables d'ailleurs à tous les autres égards, celui-là fera toujours le plus propre à donner du Feu qui fera composé de la matiere la plus compacte ; & celui-là au contraire en donnera moins, qui sera composé d'une matiete plus raréfiée ; & c'est-là une régle généralement vraie. Mais remarquez que je dis que ces Corps doivent être semblables à tous les autres égards ; car, par exemple, le plomb qui est plus condensé mais qui est aussi plus mol, ne donnera pas par le frottement plus de Feu que le fer qui est plus léger, mais en même tems beaucoup plus dur : mais si l'un & l'autre sont également durs, alors le plus pesant est le plus efficace à cet égard. Nous voyons ici la raison pourquoi le bois de fer des Indiens qui est très-dur & très-pesant, leur sert non-seulement à fabriquer des armes, mais encore à produire du Feu en le frottant contre un autre morceau de même bois, ou contre quelqu'autre Corps dur.

Plus donc les Corps sont durs & pesants, plus le frottement en fera sortir promptement du Feu. C'est ainsi qu'en frappant un caillou avec un morceau d'acier on a dans un instant un Feu qu'on n'exciteroit qu'après beaucoup plus de tems avec des Corps moins durs & plus légers.

COROLLAIRE 6.

Seconde Cause. Cependant la principale force Physique qui excite du Feu par le frottement, consiste en ce que les Corps qu'on doit frotter pour cet effet, soient appliqués & pressés très-fortement l'un contre l'autre, lorsqu'on les agite. Si vous mettez par exemple, une lame de fer sur une autre de façon qu'elle ne la presse que par son seul poids, & si vous l'agitez ensuite en la faisant aller & venir sur celle qui est au-dessous, vous aurez bien quelque chaleur, mais qui sera peu de chose. Mettez un poids de dix livres sur cette lame supérieure, & agitez-la comme auparavant avec rapidité, aussi-tôt vous produirez une chaleur beaucoup plus sensible, & plus vous augmenterez ce poids plus la chaleur deviendra grande, si au moins l'agitation continue toujours avec la même vélocité : elle parviendra même à un tel point, qu'enfin vous aurez en un instant un

Feu

Feu très-violent, fi la compreffion
eft confidérablement augmentée. Ce
que nous avons dit ci - devant fait
même voir que cela a lieu auffi dans
les Elémens des fluides, preffés les
les uns contre les autres.

C O R O L L A I R E 7.

Remarquons enfin que plus les
Corps durs font mus avec viteffe, fi *Troifiéme Caufe.*
toutes chofes reftent d'ailleurs éga-
les, plus le Feu qu'on produit par le
frottement eft grand & prompt ;
de forte qu'un mouvement fort lent
caufe à peine quelque chaleur, pendant qu'un plus rapide excite un Feu
très-abondant en fort peu de tems.
Tenez ferme une corde, qu'on tire
lentement d'entre vos mains, vous
ne fentirez aucune chaleur ; mais
auffi-tôt qu'on la tirera avec rapidité, vous éprouverez une chaleur capable de vous bruler. Si vous agitez lentement un couteau d'acier,
que vous tenez fortement appliqué
contre le feuil d'une porte, ou contre une pierre à aiguifer, à peine
s'échauffera-t'il ; mais agitez-le fort

F

vîte, bientôt vous produirez une très-grande chaleur : & même ce couteau pourra s'échauffer au point de devenir presque rouge, si on le presse bien contre une pierre à aiguiser qu'on fera tourner avec rapidité, & cependant la pierre ne contractera presque aucune chaleur, parce que chacune de ses parties reste peu de tems appliquée à la lame, & s'échappe continuellement de dessous elle. Plus donc on augmente la célérité du frottement, plus aussi on produit de Feu, & cela sans qu'on puisse fixer ici aucune borne.

COROLLAIRE 8.

Réunion de ces trois Causes.

De tout cela on doit conclure que quand les trois causes que je viens d'exposer, concourent en même tems, on peut alors tirer en un moment beaucoup de Feu des Corps les plus froids. Si deux plaques de fer, grandes & épaisses, placées sous un poids de dix mille livres, étoient rapidement agitées l'une sur l'autre, aussitôt il se produiroit une chaleur des plus vives dans ces deux plaques.

Nous en avons une preuve manifeſte dans les moulins à vent; ſi
leur axe & le bloc ſur lequel il repo-
ſe ſont bien ſecs, & ſi le vent eſt
violent, le frottement excite du Feu,
& même de la flamme, quoique le
mouvement de l'axe ſoit aſſez lent,
à cauſe de ſon peu de diamètre. La
limaille de fer brûle la main de l'Ouvrier ſur laquelle elle vient à tomber : la rapure de bois fait la même choſe. Pourroit-on déduire de
ces expériences, que bien avant dans
la terre, près de ſon centre, là où
tous les Corps ſont preſſés par le
poids énorme qu'ils ont au - deſſus
d'eux, & où par conſéquent ils ſont
extrémement condenſés, le frottement qui y ſurvient excite un Feu
très - abondant & très - violent ?
S'enſuivroit-il de là que la chaleur
s'y augmente toujours de plus en
plus ? Voyez Boyle *de Coſmic. Rer.
Qual.* Tout cela nous apprend qu'on
ne peut jamais déterminer le dernier
& le plus grand dégré de Feu que
l'attrition eſt capable de produire.
Car ſuppoſé qu'on pût découvrir
quels ſont les deux Corps les plus

condensés & les plus durs, on ne sauroit cependant jamais déterminer le plus grand poids par lequel ils pourroient être pressés l'un contre l'autre, ni le plus haut dégré de mouvement qu'uon pouroit leur imprimer. Il n'y aura donc jamais une chaleur si grande, qu'on ne puisse en produire une plus grande encore.

EXPÉRIENCE X.

Les Fluides mis entre les Corps rétardent la production de ce Feu.

Si dans l'expérience précédente, on met à chaque moment quelque liqueur entre les surfaces de ces deux Corps ainsi condensés, pressés, & mis en mouvement, à peine concevront-ils quelque chaleur ; au moins ne sera-t'elle pas comparable avec celle qu'ils auroient contractée sans cette liqueur. C'est ce qui est confirmé par toutes les observations qu'on a faites jusqu'à présent. Si l'on frotte par exemple une lame de couteau féche, sur une pierre à aiguiser aussi féche, elle s'échauffe d'abord, elle pétille, & il en fort souvent des étincelles ; mais qu'on mette entre deux une petite goutte d'eau, d'huile, ou d'efprit, la même caufe ne produit plus le même effet. L'aiſſieu d'une roue frotté d'huile, ne s'échauffe que fort peu ; mais s'il eſt fec auſſi bien que le moyeu de la roue qu'il traverſe, bientôt il pétille, il fume, il s'échauffe, fouvent même il s'enflamme. Perſonne n'ignore une choſe que nous avons déja remarquée ci-devant, c'eſt que le Feu fe met fouvent aux moulins, ſi l'on a pas foin de bien engraiſſer leur axe : mais on ne voit jamais cela plus manifeſtement qu'en poliſſant le verre ; car ni la lentille ni le moule où on la polit, ne s'échauffe que quand la graiſſe ou l'eau qu'on a mis entre deux eſt conſumée ; alors le tout devient fec, & il fe produit tout d'un coup une très-grande chaleur.

C o r o l l a i r e i.

Plus donc les Corps font mols, tendres, peu élaſtiques, raréfiés, moins ils font propres, comparés avec d'autres, à produire de la chaleur par le frottement. Or comme

Les Corps qui produiſent le moins de Chaleur par l'attrition, font les Corps mols, raréfiés & fluides.

les fluides fe trouvent ordinairement
dans ce cas, ils font auffi les moins
propres de tous les Corps à exciter
de la chaleur par l'attrition. D'abord
ils cedent, ils s'échappent, ils fuient.
Et l'on remarque que cela a lieu dans
toutes les parties du monde.

COROLLAIRE 2.

C ux qui ne font pas fort preffés les uns contre les au-tres.

Remarquons encore que moins la
force qui preffe deux Corps l'un
contre l'autre eft grande, moins auffi leur attrition mutuelle produira de
Feu. Cela eft fi généralement vrai,
qu'on n'a pas un feul exemple du
contraire.

COROLLAIRE 3.

Et ceux qui font en repos.

Enfin les Corps qui font mus lentement les uns fur les autres, ne donnent aucune chaleur, quoique d'ailleurs ils ayent toutes les autres propriétés néceffaires pour exciter du
Feu par le frottement; & même s'ils
font tout-à-fait en repos, ils feront
bientôt réduits à la température de
l'air qui les environne. Cela fe voit

dans de grands morceaux de fer mis
en tas les uns fur les autres ; quoique
ce métail foit un Corps très-dur, &
que celui qui eft deffous foit preffé par un très-grand poids, il ne contracte cependant pas plus de chaleur
que l'air dont il eft environné, &
qui eft un Corps fi mol, fi léger &
fi rare.

C O R O L L A I R E 4.

Il femble qu'on peut conclure de
tout ce qui vient d'être dit, que le
Feu fe manifefte le moins par fes effets dans ces parties de l'efpace qui
premierement ne contiennent aucun
Corps, ou qui ne renferment que
des Corps extrêmement raréfiés &
compofés de parties qui ont à peine
quelque liaifon entr'elles ; feconde-
ment, dans les endroits où il n'y a
aucune autre caufe qui preffe les
Corps qui y font les uns contre les
autres ; & troifiémement, là où il n'y
a aucune force qui les mette en mouvement. Tel eft parmi nous le vuide
de Torricelli ; car prenez un tube de
verre, fermé à l'un de fes bouts,

F iv

haut de quarante pouces, & bien
net; rempliffez-le parfaitement de
vif-argent pur, très-fec & fort chaud;
plongez-le enfuite avec précaution
par fon extrémité ouverte dans un
vafe rempli de femblable vif-argent,
de forte qu'il n'y ait rien dans ce tube que du mercure pur; tenez-le
droit, & alors le mercure en def-
cendant laiffe un efpace vuide au
haut, où il ne paroît pas par le moindre figne qu'il y ait aucun Corps
pefant qui réfifte tant foit peu; car
fi le mercure qui eft dans le vafe eft
preffé, il monte dans le tube & le
remplit exactement comme auparavant.

Le Feu pur & fimple. Il femble donc que c'eft-là un efpace, où il n'y a aucun frottement,
& où par conféquent il doit y avoir
très-peu de ce Feu qui eft dû à l'attrition. Si cependant l'on agite ce
tube dans un endroit obfcur, on
apperçoit de la lumiere dans ce vuide; c'eft-là une expérience qui a été
exactement décrite & appliquée par
un excellent Mathémacien, je veux
dire le grand Bernoulli. Quelqu'un
pourroit en conclure, qu'il doit y

avoir auffi quelque Corps dans cet endroit : & effectivement, la matière qui pénetre le verre, le vif-argent & l'air, doit s'y trouver, diftribuée également par tout ; mais quelle que foit cette matiere, elle ne donne pas le moindre indice d'une chaleur produite par l'attrition. Peut-être donc que la lumiere excitée par cette agitation eft de la même nature que celle dont j'ai parlé ci-devant dans l'hiftoire la lumiere , confidérée comme une propriété du Feu. Cela me porte à croire que la lumiere, & peut-être le Feu même, confideré fans que l'action d'aucun Corps folide concoure avec lui, paffe librement dans toutes les parties de l'efpace, ne fe montre point fous l'apparence du Feu, & ne fe découvre par aucun de fes effets connus. Au moins eft-il certain que l'on ne fent aucune chaleur ; mais qu'au contraire, l'on éprouve un froid affez vif, à mefure que l'on s'éloigne de la furface de la terre en montant au haut des montagnes où il n'y a plus de Météores qui empêchent ou troublent l'action égale du Soleil, mais où fes rayons

Troifième Caufe.

frappent directement & avec toute leur force les Corps qu'ils rencontrent en leur chemin : & enfin lorsqu'on est assez près du Soleil & assez éloigné de la terre, pour qu'il n'y ait presque plus ni exhalaisons ni vapeurs visibles qui s'élévent si haut, on trouve que l'eau, s'il y en a qui soit montée jusques-là, s'est gelée & convertie en neige, & que sous cette forme elle couvre le sommet des montagne au milieu même de l'Eté. Ainsi il est vraisemblable que dans ces parties de l'espace où il n'y a rien de dur & de corporel qui résiste au Feu, rien qui soit capable de causer quelque frottement, le Feu, quoique actuellement présent, y paroît tout-à-fait tranquille. Or remarquons que les plus hautes montagnes, égalent à peine $\frac{1}{859}$ du demi diamètre de la terre ; & cependant le froid y est très-grand, quoiqu'on s'éloigne si peu du centre de la terre, qu'on s'approche si peu du Soleil quand il est au méridien, & qu'on soit encore sous un poids si considérable de l'Atmosphere. Que ne découvriroit-on donc pas

fi l'on pouvoit monter mille fois
plus haut, pour apprendre ce qui s'y
paffe? A en juger par le péu que
nous connoiffons de la nature, il eft
vraifemblable que tous les mouvemens diminuent de plus en plus à
mefure qu'on s'éloigne de la terre,
jufqu'à ce qu'enfin ils difparoiffent
entièrement dans les régions fupérieures où il règne un calme & un
repos parfait. Cela paroît confirmé
par cette obfervation; c'eft que les
arbres de la même efpèce, produits
par la même femence, fitués fur la
même montagne, & également expofés au Soleil, font toujours plus
grands aux pieds des montagnes, &
deviennent toujours plus petits, plus
foibles & plus fecs, à mefure qu'ils
font fitués plus haut. Ceci nous
donne la clef d'une chofe que je
n'ai pu lire qu'avec étonnement dans
les écrits des anciens Alchymiftes:
ils nous difent qu'il regne un pro-
fond filence & un repos parfait dans
le Feu pur; que Dieu y habite; que
c'eft de-là qu'il fait partir ces Feux
dont il fe fert pour vivifier & mouvoir tous les Corps, qui fans cela

Du Feu pur des Alchymif-tes.

F vj

*Et des Hé-
breux.*

périroient dans l'inactivité, & seroient incapables d'exécuter les or-
dres de leur puissant Créateur. En
cela ils n'ont fait que suivre l'Opinion des anciens Hébreux, & des
Auteurs sacrés. Voyez Exod. III.
2, 3, 4. XIX. 16, 18. XXIV. 17.
Levit. X. 2. Pseau. CIV. 2. 4. &
Hebr. I. 7. XII. 29.

C O R O L L A I R E 5.

*Chaleur ex-
cessive, pro-
duite subite-
ment par le
Frottement
d'un morceau
de métal en-
tre un fluide
très-léger.*

Enfin il paroît clairement par des
expériences connues de nos jours
que cette chaleur & ce Feu singu-
lier peuvent être excités tout d'un
coup dans les Corps les plus froids,
les plus durs & les plus pesants, uniquement par un violent frottement
contre des fluides froids, les plus légers & les plus mols de tous.

Un boulet de fer massif, chassé
par la force de la poudre hors d'un
canon, en Hyver, parcourt en fendant l'air froid 600 pieds dans une
seconde : par conséquent l'air a ré-
sisté à son mouvement avec plus de
force qu'aucun vent ; car le vent le
plus rapide, ne parcourt dans le

même efpace de tems que 22 pieds $\frac{1}{4}$,
& cependant il condenfe l'air avec
tant de force que rien ne peut réfifter à fon impétuofité; il déracine
les arbres, & les met en pieces, il
renverfe les tours & les édifices les
plus folides. Voyez Mariotte, pag.
140. Cela fait voir quel frottement
ce boulet éprouve en fon chemin; &
encore n'eft-il pas pouffé en droite
ligne, car en tournant fur fon axe il
décrit une Cycloïde par chacun des
points de fa fuperficie? Or ce boulet, après avoir fini fa courfe avec
cette rapidité, eft brûlant lorfqu'il
tombe à terre, quoiqu'il ait toujours
rencontré dans fon chemin un nouvel air froid, ce qui lui a fait perdre
à chaque inftant quelque peu de fa
chaleur acquife : & il ne faut pas
croire que la flamme de la poudre lui
ait communiqué cette chaleur; car il
n'eft refté dans cette flamme que pendant un moment infiniment petit, &
qui égale à peine $\frac{1}{1080000}$ d'une heure. Qui croira que pendant fi peu de
tems il ait pu en être fi fort échauffé? Mais on trouve aifément la caufe de cette chaleur dans le prodigieux

frottement qu'il a éprouvé par fon action fur l'air, & par la réaction de ce même air qui l'a repouffé avec 27 fois $\frac{3}{11}$ plus de force que le vent le plus violent qui ait été obfervé jufqu'à préfent.

Conclufions qui fuivent de ce qui a été dit. Puis donc que diverfes expériences nous démontrent que le frottement de toutes fortes de Corps produit un Feu qui ne paroiffoit point auparavant, & cela dans un inftant, en tout tems, au milieu du plus grand froid, & dans tous les lieux où l'expérience a été tentée jufqu'à préfent pourvû que les trois conditions phyfiques dont on a parlé ci-devant, s'y trouvent; il paroît que nous en pourrons tirer plufieurs conclufions qui nous aideront à découvrir la nature de cet Elément. En voici quelques unes.

Le Feu eft toujours prefent dans chaque partie de l'efpace, Il fuit en premier lieu de ce qui a été dit, qu'il y a toujours du Feu en quelque lieu que ce foit, quoiqu'il n'y foit pas toujours fenfible pour nous lorfque nous cherchons à le découvrir par des moyens ordinaires. Un Thermomètre exact nous fait voir clairement qu'il ne fait jamais en aucun endroit un froid auſſi exceſſif que celui que nous avons décrit ci-devant : & qu'ainſi il y a toujours par-tout quelque peu de Feu; ce qui eſt contraire à l'opinion commune; la plûpart des gens croient, mais ſans raiſon, qu'il ne reſte plus aucun Feu dans les endroits où le Thermomètre deſcend juſqu'à o.

Le Feu n'eſt pas ſeulement préſent dans chaque partie de l'eſpace; *Et dans chaque Corps.* mais il eſt encore également diſtribué dans tous les Corps, dans les plus raréfiées auſſi bien que dans les plus ſolides; car ſi au milieu de l'Eté ou au plus fort de l'Hiver, j'applique un Thermomètre très-ſenſible à un verre vuide d'air, & qu'on croiroit peut-être ne contenir que du Feu pur, & ſi j'approche enſuite ce même Thermomètre d'un morceau d'or le plus ſolide des Corps que nous connoiſſions, on découvre préciſément dans l'un & dans l'autre le même dégré de chaleur & de froid, ſi au moins ils ont été expoſés aſſez long-tems à un air qui ſoit reſté ſans aucun changement dans la même température. Cela paroît ſi extraordinaire, que je n'ai trouvé perſonne qui l'ait pû croire la premiere fois que je le lui ai dit; mais nous avons des indices certains & infaillibles de la vérité de ce fait. J'ai examiné au milieu de l'Hyver le vuide de Torricelli, celui de Boyle, l'air, l'Alcohol pur, des huiles preſſées, des huiles diſtillées, de l'eau, des leſſives de divers ſels, des eſprits tirés de différens ſels par la diſtillation, des plumes, de la limaille des divers métaux, du ſable & de la chaux, tout cela ayant été expoſé quelque tems à un air froid, j'ai trouvé partout le même dégré de chaleur & de froid, ſans la moindre différence. Voilà un paradoxe bien étonnant, mais cependant très-vrai.

Il eſt également diſtribué dans tout l'eſpace.

Je n'ai donc pas pu découvrir qu'il y ait dans le monde une ſeule partie de l'eſpace ſans Feu : & je n'ai pas remarqué non plus dans aucune expérience, quoique j'aie fait à cet égard bien des recherches, qu'aucun Corps eut reçu du Créateur la propriété d'attirer à ſoi ce Feu ainſi également répandu, & de ſe l'attacher de façon qu'il en contînt ſenſi-

blement plus que les autres ; je n'ai
obfervé jufques-ici aucun aiman du
Feu. Au contraire tout ce que j'ai vû
me perfuade que là où il n'y a aucun
frottement ni aucun mouvement caufé par le mélange de divers Corps,
là le Feu eft également diftribué dans
chaque partie de l'efpace ; & il n'importe abfolument point que cet efpace foit plein ou vuide, qu'il foit
rempli d'une efpèce de Corps ou
d'une autre. Je fais bien qu'on re-
gardera tout ce que je dis ici comme
autant de chimeres, & même comme
autant de fauffetés contraires à l'expérience, qui nous apprend clairement que le fer eft plus froid en Hyver que la plume, & le mercure plus
que l'Alcohol : mais j'ai déja averti
que je ne traiterois pas du Feu, en-
tant qu'il fe manifefte à nos fens par
la chaleur, ou par le froid, mais
feulement en faifant attention à la
propriété qu'il a de raréfier les Corps;
propriété qui lui eft particuliere, &
que j'ai choifie, avec bien de la peine
& après bien des recherches, entre
plufieurs autres, pour m'en fervir
comme d'un caractere diftinctif de

cet Elément. Je tâcherai au reſte d'expliquer pourquoi l'Alcohol paroît plus chaud en Hyver que le vif-argent, ou que la glace pilée, après que j'aurai parlé de la ſolidité ou de la raréfaction des Corps par rapport à la chaleur ou au froid: je ne pourrois pas le faire auparavant ſans renverſer l'ordre que je dois ſuivre ici.

Et il y eſt rarement remarqué.

La ſeconde choſe que j'ai à remarquer ſur le Feu, c'eſt qu'on ne remarque preſque jamais celui qui eſt ainſi également répandu dans toute l'eſpace, ſur-tout lorſqu'il eſt en repos, parce que les choſes qui ſont par-tout parfaitement les mêmes, & qui par conſéquent ne ſe diſtinguent par aucune variété, ſont regardées communément comme ſi elles n'exiſtoient point. Si par exemple, le dégré de Feu dans le monde étoit pour quelque tems tel qu'il ne cauſât abſolument point de changement dans aucun Corps fluide ou ſolide, perſonne ne penſeroit alors ni au Feu, ni à la chaleur, ni au froid. Mais dès que le Feu augmenteroit ſeulement au point de rendre la cire plus molle

qu'auparavant, chacun commence-
roit d'abord à foupçonner qu'il y a
quelque nouvelle production de chaleur ou de Feu, fuppofé au moins
qu'on fût auparavant que la cire de
folide devient fluide par l'application du Feu. Ce préjugé a été caufe
que prefque tous les hommes fe font
imaginés que le Feu eft réellement
produit par l'art, ou par le hafard,
toutes les fois qu'il fe manifefte par
des effets plus remarquables qu'auparavant.

Une troifiéme remarque qui paroît fuivre manifeftement de ce qui a
été dit, c'eft que ce Feu ainfi répan- *Cependant il eft toujours en mouve- ment,*
du dans chaque partie de l'efpace &
dans tout Corps, quelque petit qu'on
le fuppofe, s'y meut continuellement,
& communique du mouvement aux
chofes qui font à fa portée ; car y a-
t'il quelqu'un qui puiffe déterminer le
plus haut dégré de froid abfolu, ou,
ce qui eft peut-être la même chofe,
le parfait repos du Feu ? Or le moindre dégré de Feu ou de chaleur, ou
de force raréfiante, commence d'a-
bord à dilater toutes fortes de Corps,
à interrompre la cohéfion de leurs

parties auſſi long-tems qu'il reſte le même, il empêche la réunion naturelle & propre de leurs Elémens. Cela fait voir qu'il y a ici un mouvement bien réel. Ainſi il eſt très-vraiſemblable que le Feu eſt contenu dans le vuide & dans les pores des Corps les plus ſolides, comme dans des eſpèces de vaſes où il ſe meut, & où il agit toujours ; & que par conſéquent il eſt continuellement occupé à certaines opérations, dont l'effet principal eſt d'écarter les unes des autres les particules élémentaires de ces Corps, & de ſe faciliter par-là à lui-même le moyen de ſe dilater plus également. Cependant il n'eſt pas moins certain que ces mêmes Elémens corporels de la matiere, font continuellement des efforts pour ſe joindre plus étroitement les uns aux autres, pour diminuer les eſpaces vuides qui ſe trouvent entr'eux, & par-là même pour chaſſer le Feu qui y eſt contenu, lorſqu'ils peuvent l'emporter ſur la force avec laquelle il tâche de ſe dilater. Il y a donc toujours une action & une réaction entre le Feu renfermé dans les pores

& entre les Elémens des Corps ; celui-là travaille continuellement à séparer ces Elémens les uns des autres,
& ceux-ci s'efforcent toujours à se
réunir de plus en plus. Ainsi l'on
pourroit regarder tout le système des
Corps, que l'Etre suprême a trouvé à propos de placer dans l'immen-
sité de l'espace, comme composé d'un
Feu qui sépare tous les autres Corps,
& d'une matière qui n'est pas Feu,
& qui s'oppose continuellement à la
séparation de ses Elémens. Par conséquent ces deux principes, l'un de
dilatation, & l'autre d'attraction ou
d'association, dominent par-tout, &
font la cause d'une infinité d'effets
corporels. Au reste les idées que nous
en avons jusqu'à présent ne suffisent
pas pour nous faire connoître toute
leur efficace : cette connoissance ne
se trouve qu'en Dieu, dont l'Intel-
ligence souverainement parfaite &
infinie, comprend tout ce qu'il y a
de plus caché dans les Créatures que
sa Toute-puissance a formées de telle
façon qu'elles renferment bien des
choses hors de la portée de l'intelli-
gence humaine.

Il ne pénétre jamais dans la substance des Corps.

Plus je médite sur tout cela, plus il me paroît certain que le Feu ne peut pas s'insinuer dans ce qu'on appelle les derniers Elémens impénétrables des Corps ; mais qu'il en est repoussé, lorsqu'il vient à heurter contre eux ; & cela avec plus de force, suivant qu'il fait plus d'efforts pour pénétrer dans leur intérieur ; & qu'ainsi il peut, & que même il doit y avoir quelque frottement entre le Feu & les autres Corps. Par conséquent le Feu n'est jamais logé dans la substance propre des Corps ; mais seulement dans les petits espaces qui restent toujours vuides entre leurs Elémens, quelques solides qu'ils soient. On peut assurer que l'ἀντιτυπία de Démocrite, ou ce qu'on appelle autrement l'impénétrabilité, semble être si propre au Feu, & à tout autre Corps, que par toutes sortes d'expériences elle paroit en être absolument inséparable.

Une quatrième remarque qu'il y a faire ici, c'est qu'aussi long-tems que ce Feu, contenu dans les pores des Corps, n'est poussé ou mis en mouvement par aucune autre cause, il

ne s'y manifeste par aucun effet ; &
cela parce qu'il peut fortir de ces
pores avec la même facilité qu'il y
eft entré ; ainfi il ne varie pas confidérablement fon action fur le Corps
qui le contient, parce qu'il paroît
exifter & agir par-tout en égale
quantité. Afin de faire mieux com- *Le vent ne*
prendre ma penfée, je remarque le *produit point*
dégré de chaleur qu'indique un Ther- *de Froid.*
momètre qui eft fenfible à la moin-
dre augmentation ou diminution de
chaleur & de froid. Je l'expofe à la
bouche d'un grand foufflet, que j'a-
gite pour que le vent violent qui en
fort, aille tomber fur ce Thermomètre. On croiroit que ce vent doit
produire un froid confidérable, &
que par-là même il arrivera du changement dans ce Thermomètre qui ne
fauroit manquer de baiffer ; cependant il refte au même dégré. Ce vent
n'a donc produit aucune diminution
ou augmentation fenfible, foit de
chaleur, foit de froid ; car le Feu
à caufe de fa grande rareté, paffe à
peu près avec autant de facilité au
travers de l'air en repos ou en mouvement. Si cependant cet air étoit *Il produit*

agité avec une force extraordinaire, ce que ne peut pas faire un soufflet, alors il surviendroit une augmentation de chaleur, mais qui seroit dûe uniquement au frottement, comme cela paroît par ce qui a été dit ci-devant. De-là vient peut-être, que pour l'ordinaire les violentes tempêtes, excepté dans un petit nombre de cas, & toutes choses supposées égales, font plutôt monter les Thermomètres que de les faire defcendre: au moins ai-je remarqué depuis long-tems que nous avions fouvent des vents très-violens avec un air chaud, & au contraire une gelée très-forte pendant un tems fort calme. Pourquoi donc me dira-t'on le vent & l'air nous paroiffent-ils fi froids, fur-tout lorfque nous avons chaud, qu'il n'y a perfonne qui ne dife avec raifon qu'ils refroidiffent notre Corps? L'expérience ne nous apprend-t'elle pas manifeftement que quand il regne un vent froid & fort en même tems, nous fentons un froid fi vif que nous ne faurions le fupporter quelque tems, fans courir rifque de perdre quelque membre par

la

Cependant il refroidit le Corps humain.

la gangrene ? Je réponds que le fait
eſt vrai, mais que ſa cauſe eſt toute
différente de celle qu'on lui attribue
ordinairement. Pour s'en convaincre, qu'on faſſe avec moi cette pré-
miére remarque ; c'eſt qu'un homme
ne peut pas vivre dans un air qui a
60 dégrés de chaleur, & que tous les
animaux qui nous ſont connus y meurent d'abord : cependant notre chaleur vitale eſt de 92 dégrés, & ſouvent
de 94 dans les enfans, comme l'a obſervé M. Fahrenheit. Par conſéquent
le dégré de chaleur d'un homme eſt
toujours plus grand que celui de l'air
dont il eſt environné, & par-là même les habits qui ſont appliqués à ſon
Corps, ſont plus échauffés que s'ils
étoient expoſés de tout côté en plein
air. Cette chaleur échauffe auſſi l'air
qui eſt autour de lui ; ſi donc cet air
reſte tranquille ſans être agité par
aucun vent, il ſera plus chaud que
l'air plus éloigné ; l'homme qui en
eſt environné ſentira cette chaleur :
mais dès que le vent ſouffle, il chaſſe cet air chaud dont la place eſt
auſſi-tôt occupée par un autre air
plus froid, qui excite d'abord un ſen-

G

timent de froid dans les poumons &
fur la peau de celui qui y eft expofé;
ce même vent diffipe auffi la chaleur que le corps de cet homme communique à fes habits; & le nouveau
froid auquel ils font continuellement
expofés, s'applique fur fon Corps : ce
qui le met précifément dans l'état où
il feroit s'il changeoit à tout moment
d'habits, pour en mettre d'autres qui
auroient été fufpendus dans un air
froid. Cela fait voir que quoique le
vent ne produife point de froid, il ne
laiffe pas de refroidir le Corps humain, en ce qu'il chaffe l'air chaud dont
il eft environné, pour mettre un air
froid à fa place. Mais comme c'eft ici
une obfervation d'une grande utilité
dans la médécine, je vais l'éclaircir
par un exemple. Suppofons dans un
air tranquille un homme vétu &
échauffé foit par l'exercice, foit par
une maladie ou par quelqu'autre caufe, jufqu'à 100 dégrés; fuppofons
qu'en même tems la chaleur de l'air
commun foit modérée, c'eft-à dire
d'environ 48 dégrés. On comprend
aifément que les habits dont il eft
couvert feront bientôt autant échauf-

fés par la chaleur de fon Corps, que fon Corps même. L'Air tranquille qui environne les habits & la tête de cet Homme ; s'échauffera beaucoup au-delà de 48 dégrés ; car j'ai fouvent remarqué que fi une perfonne qui a chaud , s'approche à la diftance de quatre pieds d'un Thermométre, auffi-tôt la chaleur qui s'exhale de fon Corps, fait monter la liqueur qui re-defcend dès que cette perfonne fe re-tire. Si donc nous fuppofons que l'air voifin & les habits dont cet Homme eft couvert aient acquis une chaleur de 60 dégrés, fon corps fe trouvera plongé dans une Atmofphère de cette même température, tous fes vaiffeaux & toutes fes humeurs feront dans un relâchement proportionné à ce dégré de chaleur ; fes nerfs extérieurs en feront affectés ; mais que cet homme paffe dans un endroit expofé à un vent qui parcourt l'efpace de 6 pied dans une feconde ; pendant cette feconde toute la chaleur de l'air & de fes habits fera diffipée, & alors il fera au milieu d'une Atmofphere qui n'aura plus que 48 dégrés de chaleur ; & par conféquent toutes

G ij

les parties extérieures de fon Corps
feront de 12 dégrés plus froides qu'auparavant; & comme l'on fuppofe que
ce vent eft toujours le même, fon
Corps fe refroidira auffi bientôt intérieurement; ce nouveau froid qui
s'applique continuellement à fa fuperficie extérieure, doit à chaque
inftant diminuer d'autant la chaleur
caufée par le mouvement vital. Ainfi nous avons une explication claire
de ce phénomène, qui autrement
femble un paradoxe. »On ne doit
» donc plus être étonné aujourd'hui
» de fentir le froid & chaud fortir
» d'une même bouche, le froid en
» foufflant fur la partie qui en fent
» l'impreffion, & le chaud en pouf-
» fant l'haleine la bouche ouverte.

Il n'agit point fur un Thermomètre.

Pour mieux établir encore la juf-
teffe de cette explication, au lieu
d'un homme expofez à ce vent un
Thermomètre, qui indique le dégré
de chaleur qui regne dans l'air; vous
verrez qu'il demeurera au même point,
foit que l'air refte tranquille autour,
foit qu'un air nouveau s'applique
continuellement à fa fuperficie; par
conféquent le vent le plus fort ne

communique aucun froid au Thermomètre , à moins qu'il n'arrive
quelque changement dans la température de l'air du côté d'où le vent
souffle.

Tout ceci apprend aux Médecins
que rien n'eſt plus dangereux que
de s'expoſer au vent lorſqu'on a
chaud & qu'on ſue : ſouvent les perſonnes qui ſe portent le mieux, &
même les plus robuſtes, tombent par
là dans des maladies fâcheuſes, ou
ſont quelques fois enlevées par une
mort ſubite ; & cela ſur-tout lorſqu'a-
près s'être échauffées par des mouvemens violens, elles reſtent tranquilles
dans un endroit où il ſouffle un
vent froid. De-là naiſſent des aſth-
mes qui durent pendant toutes la vie,
des rhumes, des pleuréſies, des péri-
pneumonies, des rhumatiſmes. A plus
forte raiſon, que doit-on dire des
perſonnes foibles & dilicates ? Ne
voyons-nous pas que le moindre vent,
que la plus petite agitation de l'air les
affecte extraordinairement ? Elles
ſouffrent dès qu'il entre par une fe-
nêtre un air tant ſoit peu plus froid
que celui de leur chambre ; & cela

Uſage de cette obſerva-
tion dans la
Médecine.

G iij

sur-tout si elles se sont accoutumées pendant long-tems à un même dégré de chaleur, déterminé par le secours du Thermomètre ; ce qui est, pour le dire en passant, la chose la plus nuisible à la santé que je connoisse.

Action du Feu exité par le Frottement. De ce qui a été dit jusqu'à présent, & que nous ne répéterons plus dans la suite, on peut former qnelque raisonnement sur la nature & sur l'action du Feu ; car si l'on frotte avec force & avec vîtesse l'un contre l'autre deux Corps, denses, durs & fort élastiques, toutes leurs parties sont à chaque moment étroitement comprimées ; & parce qu'elles sont roides, elles résistent fortement à cette compression : delà vient que dans chaque partie il y a un mouvement de contraction & de dilatation très-prompt & très-fort, ou une vibration très-rapide, semblable à celle des cordes bien tendues. Nous pouvons connoître la grandeur de ces vibrations, en considérant ce qui se passe dans une cloche de metal, élastique & frappée d'un seul coup. Quelque grosse qu'elle soit, nous voyons alors qu'en s'étendant & se contractant dans toute sa

maſſe, elle forme une infinité d'ellip-
ſes. Or dès que le frottement dont
je viens de parler a lieu, avec quelle
force, avec quel effort, avec quelle
viteſſe tous les élémens du Corps
frotté ne doivent-ils pas être comprimés, ébranlés & relâchés, & cela
juſques dans leurs parties les plus intérieures ? Auſſi en réſulte-t'il un ſon
aigu, inſupportable à l'oreille, &
qui eſt un indice certain d'un grand
frottement actuel. Il eſt donc conſtant que toutes les particules de ce
Corps ainſi frotté, preſſé & relâché,
ſe meuvent très-rapidement : puiſque
des cordes font leurs vibrations avec
plus de rapidité à proportion qu'elles ſont plus elaſtiques, plus courtes
& plus fortement tendues ; conditions qui ſe trouvent ici toutes réunies. Or comme les expériences mettent tout cela hors de doute, je crois
qu'il n'eſt pas moins évident, que cependant le Feu qui eſt renfermé dans
les pores des Corps, & qui a le pouvoir de les étendre dans toutes leurs
dimenſions, mais qui eſt bientôt ré-
primé par la force de contraction &
de réaction du Corps étendu, que

G iiij

ce Feu, dis-je, par l'action du frottement doit être comprimé & relâché
dans ces pores avec beaucoup plus
de violence. Par conséquent, comme
le Feu paroît être celui de tous les
Corps qui eſt le plus élaſtique, à en
juger par la propriété qu'il a de tout
dilater, il eſt vraiſemblable que le
frottement augmente prodigieuſement ſa force & ſon mouvement. On
eſt donc fondé à dire que, tant dans
ces Corps ainſi frottés, que dans le
Feu diſtribué dans toute leur ſubſtance, il s'excite un mouvement très-
violent & qui dure long-tems. Or cela ne peut ſe faire ſans que le Feu
voiſin ſoit en même tems agité par
ces deux cauſes, & cela avec plus de
violence à proportion qu'il eſt plus
près. Il eſt impoſſible que la choſe
ſoit autrement, puiſque nous avons
prouvé ci devant, que le Feu étoit
diſtribué également dans tous les
Corps en repos, & dans l'eſpace qui
n'eſt ſuſceptible d'aucun mouvement
ni d'aucun changement, & que peut-
être il y agit uniformement. Le Feu
des environs doit donc ſuivre les
impreſſions de celui qui eſt renfer-

mé dans les pores des Corps frottés, & être exposé à diverses vibrations.

Il paroît même que ces vibrations durent aussi long-tems que celles qui naissent du frottement, ou jusqu'à ce que ces oscillations du Feu qui est dans les Corps frottés, soient réduites au repos, ou à un dégré de mouvement égal à celui du Feu qui se trouve dans l'espace ou dans les Corps voisins. Or comme les causes qui agitent les Corps frottés impriment au Feu un nouveau mouvement outre celui qu'il avoit déja auparavant, & qui lui étoit commun avec le Feu des autres Corps, sa force devra en être augmentée; & comme cette force étend les Corps, elle se manifestera aussi-tôt par ce signe. Jusques ici donc nous comprenons qu'elle est la force du Feu, en tant qu'il est excité par le frottement : & nous avons aussi l'explication de plusieurs Phénomènes qui ont rapport à cette matiere.

1. Pourquoi, par exemple, les Corps élastiques sont-ils les seuls desquels on puisse tirer le plus de Feu par le frottement? C'est parce qu'ils

G v

font les feuls dont les Elémens foient fufceptibles d'un mouvement d'ofcillation. 2. Pourquoi ceux qui font les plus élaftiques, produifent-ils le plus grand Feu, comme cela fe voit dans un morceau d'Acier dont on frappe avec force un caillou ? C'eft que leurs vibrations font plus rapides & plus grandes. 3. Pourquoi les Corps mols, & qui ne font pas élaftiques, produifent-ils moins de Feu ? parce qu'ils ne changent pas leur figure pour la reprendre immédiatement après ; parce qu'ils ne font pas fufceptibles de vibration. 4. Pourquoi cependant en frottant avec force du plomb contre du plomb, produit-on une très-grande chaleur ? C'eft parce que les plus petits Elémens des Corps font de telle nature qu'ils peuvent être dilatés & contractés par le Feu, quoique les maffes qu'ils compofent aient leurs parties liées entr'elles, de façon qu'elles réfiftent peu, mais qu'elles cedent aifément. On voit par-là que l'élafticité des Elémens, qui eft commune à tous les Corps, & qui peut être changée par la chaleur & par le froid,

eſt différente de cette élaſticité qui
fait qu'un Corps réſiſte à un choc . &
qu'il reprend la figure qu'il avoit
auparavant. 5. Eſt-ce donc que les
fluides ne produiſent aucune chaleur
par leur frottement ? Ils en produiſent très-certainement s'ils ſont élaſtiques ; mais difficilement s'ils ne le
ſont pas : voilà pourquoi l'eau ne s'é-
chauffe pas facilement par le frottement. Si cependant on oblige des
fluides qui ne ſont pas élaſtiques, à
paſſer avec force & avec rapidité par
des canaux fort étroits, le frottement
les échauffe, parce que leurs plus petits Elémens paroiſſent être un peu
élaſtiques : mais ſi les tuyaux par leſquels on contraint la liqueur de paſſer, ſont eux - mêmes élaſtiques, il
pourra ſe produire alors une plus
grande chaleur. » D'où on voit que
» plus les Corps ſont élaſtiques, & plus
» le Feu qu'ils renferment ſe manifeſ-
» te aiſément lorſqu'on les frotte. De
là vient que notre ſang qui eſt élaſtique & qui eſt pouſſé avec violence
dans les arteres qui ſont auſſi élaſtiques, s'échauffe par la circulation,
lorſque nous ſommes en ſanté ; au

lieu que plus notre sang, par quelque cause que ce soit, devient aqueux
& perd par la même de son élasticité, moins il se produit en nous
de chaleur; ce qui arrive aussi, si le
ressort de nos arteres vient à diminuer. » C'est donc là la raison pour
» laquelle les Corps animés dont les
» vaisseaux sont plus élastiques, & à
» travers lesquels roule un sang qui
» l'est aussi, s'enflamment bien plus
» facilement que ces Corps glacés
» pour ainsi dire par la foiblesse de
» leurs fibres & la pauvreté de leur
» sang noyé dans une trop grande
» quantité d'eau. » 6. Pourquoi en mettant quelque liqueur entre des Corps
frottés, empêche-t'on la production
de la chaleur, ou pourquoi est-elle
alors beaucoup moindre ? Parce que
cette liqueur glissant continuellement
entre deux est un obstacle qui empêche le mouvement de produire son
effet ordinaire. 7. Est-ce donc que
l'élasticité des Corps contribue à
augmenter l'action du Feu sur eux?
Beaucoup, comme cela vient d'être
prouvé. » 8. Est ce le Feu seul que
» chaque corps renferme qui produit

« la chaleur qui se manifeste lorsqu'on
» le frotte, ou s'il s'y en joint d'autres
» qu'y attire le frottement ? Cela pa-
» roît assez vraisemblable tant parce
» que le Feu se communique d'un
» Corps à un autre, que parce que
» plus le Corps est dense, & plus
» long-tems il retient la chaleur, plus
» il est rare, & plus il la perd prom-
» ptement. 9. Si la gravité déterminoit
moins les Corps à s'appliquer les
uns sur les autres, quelle conséquence en résulteroit-il pour le Feu ? Alors
son effet ne seroit presque pas sensible. C'est ce que nous éprouvons
dans les mines les plus profondes &
sur le sommet des montagnes les plus
hautes. 10. Qu'arrive-t'il donc dans
des puits profonds, où l'air est toujours tranquille ? On y a toujours un
égal dégré de froid & de Chaud,
mais qui varie suivant la profondeur
où l'on est, & suivant la nature du
terrein des environs. C'est ce qui
se confirme par plusieurs belles observations faites dans un caveau de
l'Observatoire de Paris. 11. Pourquoi en frappant un caillou avec un
morceau d'acier, dans un tems bien

froid, produit-on des étincelles beaucoup plus vives & plus grandes que
dans un autre tems? Et combien
d'autres questions semblables ne pourroit-on pas former, qui auroient
rapport à cette matiere? On n'auroit jamais fait si l'on vouloit répon-
dre à toutes, & expliquer tout ce
qu'un Observateur attentif découvri-
roit de nouveau à cet égard. Je me
contenterai de remarquer, que la
gravité, l'élasticité & le Feu, paroissent être trois causes capitales
parmi celles qu'on peut regarder comme les causes universelles ou communes des actions corporelles : lorsqu'on
leur ajoute le frottement, on est en
état d'expliquer plusieurs phénomènes qui sont communs à tous les
Corps.

Une cinquiéme conséquence qu'on
peut tirer de ce qui a été dit, c'est
que si deux Corps qui surpasseroient
en pesanteur & en élasticité tous les
autres, étoient appliqués fortement
l'un à l'autre par de très-grands
poids, & agités l'un contre l'autre
avec toute la rapidité possible dans le
cœur de la Terre, il s'y produiroit

le Feu le plus violent. Par conséquent il est très-vraisemblable que la
plus grande chaleur se fait sentir dans
le centre de la Terre, qu'elle diminue à mesure qu'elle s'en éloigne,
& que l'endroit où elle devient le
moins sensible est celui qui sert de
borne mitoyenne entre les deux Planètes. Supposons que notre Terre &
la Lune soient deux Corps de même
nature : le plus grand dégré de chaleur sera dans le centre de la Terre
& de la Lune, & de-là il ira insensiblement, jusqu'à l'endroit où se termine la sphère d'activité de l'un &
de l'autre de ces globes. Il paroît
par là qu'il est absolument impossible
que les Oiseaux puissent voler de la
Terre à la Lune, ou venir de la Lune sur notre Terre, comme quelques
Philosophes l'ont prétendu, ou qu'ils
puissent subsister dans le fond des
abîmes. Or tout ce que j'ai dit de la
Terre & de la Lune sera également
vrai des autres Planètes. De là on
peut conjecturer avec vraisemblance
que les Corps graves ne se rassemblent qu'autour des Planètes, & peut-
être au-tour des Soleils ou des Etoi-

Les oiseaux ne peuvent pas supporter la température de la partie la plus élévée de l'Atmosphére.

les fixes ; & à mesure, qu'ils s'en
éloignent, ils se raréfient insensiblement si fort, & par là même deviennent si légers, qu'enfin leur résistance n'est presque pas sensible, ou est
entiérement évanouie ; que cependant le Feu est là en égale quantité :
que par conséquent le Feu n'a peut-
être aucune gravité ; mais qu'il est
parfaitement indéterminé pour quelque partie de l'espace que ce soit :
qu'ainsi il n'a par lui-même aucun
autre pouvoir que celui de se dilater
également de tout côté, sans être déterminé pour quelque endroit particulier ; que peut-être donc dans ces
lieux élevés, il ne peut produire aucun effet, parce qu'il n'y a point de
Corps denses, élastiques, mus &
frottés les uns contre les autres. Et
quoiqu'on n'ait pas encore éxactement déterminé le mouvement &
le cours des Comètes, ne pourroit-
on point dire que ces Corps merveilleux se meuvent dans ces espaces qui sont entre les Planètes & les
différens Soleils, espaces où ils ne
rencontrent que peu ou point de résistance ?

Une sixiéme remarque qu'il y a à faire ; c'est que tous les Corps qui ont des pores assez larges pour que l'Air, l'Eau, les Esprits & les Huiles puissent y entrer & en sortir librement ; que ces Corps, dis je, doivent être très-peu propres à produire de la chaleur par le frottement ; mais qu'il en est tout autrement de ceux qui sont composés d'une matiére si fort comprimée, que rien ne peut entrer dans leurs pores, tant ils sont petits, excepté le Feu pur & simple. Ces Corps venant à être frottés, doivent communiquer un violent mouvement au Feu qu'ils renferment. Si nous supposons ensuite que les surfaces des deux Corps appliqués l'un contre l'autre, se répondent si exactement entr'elles, que quand on les agite il n'y ait que du Feu qui puisse s'insinuer entre deux : dans ce cas aussi le frottement ne fait qu'agiter ce feu ; & c'est encore là un moyen d'augmenter sa chaleur. Il y a plus, si l'agitation de ces Corps est si excessivement rapide que ni l'Air, ni aucune matiére ne puisse leur succéder assez promptement, mais que le Feu, caché dans l'Air ou dans d'autres Corps, ait seul assez de mobilité pour cela ; alors il est très-vraisemblable que ce Feu se jettera dans ces espaces qui se trouvent vuides ou remplis alternativement en si peu de tems ; & qu'ainsi il se rassemblera peut-être plus de Feu autour de ces Corps frottés qu'auparavant : voilà donc encore une autre cause qui fait que le frottement produit de la chaleur. Enfin, si les Elemens de quelque Corps dur sont si étroitement liés entr'eux, mais de façon que les Fibres & les différentes couches qu'ils forment, soient très-courtes, & fort susceptibles de trémoussement ; alors leurs vibrations communiqneront au Feu un mouvement très-rapide & très-fort, & par là même une forte attrition leur fera produire en peu de tems une très-grande chaleur. Toutes ces circonstances contribuent à augmenter le mouvement du Feu.

Pourquoi le Feu sort-il plus vite d'un Corps rare que d'un Corps dense.

Il nous reste à présent à rechercher exactement, en septiéme lieu, s'il y a dans les Corps mêmes une force qui attire le Feu vers eux, de

façon que plus ils contiennent de matiére, plus foit grande la quantité
de Feu qui s'unit avec eux ? A l'é-
gard des Corps qui font en repos,
il eft certain que cela n'a pas lieu ;
car l'expérience nous apprend clairement qu'il n'y a ni plus ni moins
de chaleur ou de Feu dans le vuide
de Toricelli que dans l'Or, toutes
les fois que l'un & l'autre reftent long-
tems en repos dans un lieu d'une
temperature égale. Mais eft - ce que
par le frottement, dont nous avons
tant parlé, la fubftance des Corps
acquiert une efpéce de vertu magnétique, par laquelle elle attire à foi
le Feu & le retient long-tems lorfqu'une fois il s'eft uni avec elle ? En
méditant fouvent là-deffus, voici ce
que j'ai obfervé de certain ; c'eft
qu'un même Feu échauffe plus promptement un Corps à proportion qu'il
eft plus rare ; mais qu'un Corps une
fois échauffé fe refroidit plus lentement fuivant qu'il eft plus denfe ; &
qu'au contraire plus il eft rare, plus
promptement auffi il fe refroidit. De
là il femble qu'on devroit conclure
que dans la Maffe folide des Corps

il y a une force qui reſſemble à l'attraction ; & cela ſur-tout parce que
cette loi a lieu auſſi-bien dans les
Corps élaſtiques, que dans ceux qui
ne le ſont pas. Il y a un Feu très-
grand au Foyer de Tſchirnhaus : ſi
l'on couvre d'un voile le côté du Verre qui eſt oppoſé au Soleil, auſſi-tôt
toute chaleur ceſſe en l'Air dans ce
Foyer, où un moment auparavant
elle étoit ſi prodigieuſe ; mais s'il y
a un morceau de Métal échauffé par
ce Feu, il retient long-tems ſa chaleur. Si l'on expoſe à un même dégré de chaleur deux vaſes, l'un plein
d'Air & l'autre plein d'Eau, l'Air
échauffé comme l'Eau ſera peut-être
mille fois plus rare ; mais auſſi l'Eau
retiendra plus long-tems la chaleur
qu'elle aura acquiſe plus lentement,
& peut-être que l'Air ſe refroidira
mille fois plus vîte. Cependant on
ne peut conclure de là autre choſe
ſinon, que plus les Corps qu'on expoſe au Feu ſont denſes, plus le Feu
a de peine pour y entrer & pour en
en ſortir : c'eſt là tout ce que l'expérience nous apprend ici de certain.
Et il n'eſt pas clair non plus que ce

Phénomène ait une autre cause. Si
cependant il est permis de raisonner
ici par conjectures ; on pourra dire
que le Feu entrant dans des Corps
denses , ébranle leurs élemens , &
leur fait faire des vibrations plus grandes à proportion que les Corps font
plus rares , & de plus longue durée
s'ils font plus condensés : ces vibrations agitent le Feu contenu dans les
Corps , aussi long-tems qu'elles durent , de la même maniére que cela
arrive par le frottement dans les
Corps élastiques. Ainsi , tout bien
consideré , je n'ai observé jusqu'à
présent ici aucune vertu magnétique.

Une huitiéme remarque que je fais
ici, c'est qu'il est clair , par notre
première expérience, que les Corps
les plus durs & les plus solides, pénétrés par un très-petit Feu , qui les
échauffe cependant dans toutes les
particules de leur masse, se meuvent
dans toute leur substance intérieure :
& font dans un ébranlement continuel. Par conséquent , quand ces
mêmes Corps font bien échauffés par
l'attrition, ils font constamment agi-

tés de la même maniére. Nous concevons que leurs Elémens, ébranlés par là, doivent se frotter les uns contre les autres, & ainsi être mus comme si cette attrition étoit extérieure. Ils communiquent donc aussi du mouvement au Feu qui est renfermé entr'eux, ils l'atttirent, ils le rassemblent, & ils le retiennent long-tems dans la masse solide qu'ils composent. Mais ils sont aussi repoussés à leur tour par le Feu ; ce qui les expose encore à un nouveau frottement. Toutes ces causes contribuent à faire que les Corps conservent pendant quelque rems la chaleur qui leur a été une fois communiquée. Et en effet, il y a déja long-tems que le fameux Robert Boyle a prouvé, par des expériences qu'il a faites, qu'un morceau de Fer massif & très-froid, placé sur une enclume froide, & frappé à coups redoublés avec des marteaux froids, s'échauffe si fort par le seul mouvement de compression, & par son élasticité qui lui fait reprendre sa premiere figure, qu'il peut allumer le Soufre qu'on jette dessus. Il a prouvé encore qu'un clou de Fer,

enfoncé jusqu'à la tête dans du Bois
dur , & frappé avec un marteau
froid, s'échauffe extraordinairement
dès qu'il ne peut être enfoncé plus
avant, quoique le marteau reste froid.
Il a démontré la même chose dans un
morceau de Fer qui s'échauffe pendant qu'on le lime, quoique la lime
n'acquiere aucune chaleur. Voyez ses
excellens Traités sur la production
mécanique de la Chaleur & du Froid.

Une neuviéme remarque que nous *par les seules*
faisons ici , & qui est une suite *vibrations des*
de l'observation précédente ; c'est *Corps élasti-*
qu'une très-grande chaleur peut se *ques.*
produire là où nous sommes assurés
qu'il n'y a autre chose qu'un morceau
de Fer élastique , comprimé entre
deux autres piéces de Fer, & qui reprend sa premiere forme à chaque
instant, si-tôt que les coups de marteau cessent : que cette chaleur est
si considérable qu'elle peut allumer du Souffre.

Nous pouvons croire en dixiéme *par un simple*
lieu, qu'un tel Corps élastique, une *coup.*
fois échauffé par cette action, conserve pendant quelque tems ce mouvement d'oscillation entre ces par-

ties, qui se compriment & se réta-
blissent successivement, & que par là
le mouvement du Feu continue aussi ; de la même maniére qu'une corde
une fois frappée continue ses tremblemens pendant assez long-tems,
ou qu'un seul coup donné sur une
cloche fait qu'elle conserve pendant
un tems considérable ses ondulations
sonores.

Le Feu n'est pas produit par ces diffé-rens moyens.

En onziéme lieu, il paroît plus
important de rechercher si le Feu,
dont nous venons de parler, & qui
est produit par le frottement ou par
le choc, n'existoit pas auparavant,
& si réellement il doit sa naissance à
ces vibrations de parties ? Et encore, si les vibrations attenuent tellement un Corps, que les particules
qui en sont détachées & agitées se
changent en Feu ; & si par conséquent, des autres Corps, qui ne sont
point en Feu, peuvent être convertis en véritable Feu, par ces frottemens, ces percussions, ces vibrations, de sorte qu'on puisse faire du
Feu, avec ce qui n'étoit pas Feu auparavant ? Cela ne me paroît point
possible. Car j'ai démontré qu'il y a
du

du Feu par-tout ; j'ai prouvé qu'il
étoit uniformément diftribué dans
l'efpace ; j'ai fait voir auffi qu'on en
pouvoit produire , plus ou moins ,
par le frottement de quelque Corps
que ce foit. Il eft conftant que ce
Feu , de quelque Corps qu'il ait été
tiré , & de quelque façon qu'il ait été
produit , eft toujours abfolument le
même ; qu'il a dans l'inftant même
de fa naiffance toute la propriété qui
eft particulière au Feu feul , qui en
eft inféparable , & qui ne lui eft commune avec aucune autre chofe. Par
conféquent , il n'eft nullement vraifemblable qu'il naiffe continuellement
du nouveau Feu ; il eft plus naturel
de croire que celui qui a été une fois
créé , fubfifte toujours , & cela en
même quantité ; mais que par toutes
ces actions il fouffre divers changemens à l'égard de fon mouvement ,
de fon repos , de fa réunion , de fa
difperfion & de fa direction , de forte que tantôt il paroît , & tantôt il
difparoît à nos fens. Si l'on réfléchit avec attention fur tout ce que j'ai
dit des fignes & de la production du
Feu ; fi l'on examine chacune de mes

ils ne font
que le mou-
voir & le raf-
fembler, ce qui
le rend fenfi-
ble.

H

réflexions en particulier , & en les comparant les unes avec les autres, l'on fera porté à admettre mon fentiment & à rejetter l'autre. Car y a-t'il quelqu'un qui ait de la peine à comprendre que par l'attrition & la percuffion d'un Corps élaftique , le Feu puiffe être mis dans un plus grand mouvement qu'auparavant ? Qui peut nier qu'il ne communique un plus grand mouvement, lorfqu'il eft ainfi dans une plus grande agitation? Qui ne conçoit aifément qu'il n'y a que le Feu qui puiffe fuivre les rapides mouvemens des Corps les plus folides, & que par conféquent il doit s'amaffer là où ces mouvemens arrivent ? Qui peut douter que dans ces cas les lieux les plus voifins ne perdent de leur Feu , à proportion qu'il s'en amaffe davantage dans cet endroit ? Ce paffage du Feu d'un lieu dans un autre , n'eft pas plus difficile à comprendre que celui de tout autre fluide. Or fi-tôt que d'un grand efpace où il étoit difperfé , il eft ainfi raffemblé dans un plus étroit, il doit tomber fous nos fens, tant à caufe de fa quantité que de fes effet, tout comme s'il venoit d'être produit tout nouvellement.

Enfin, en douziéme lieu, qu'il me soit permis de rappeller ici une remarque que j'ai déja faite ci-de-vant; c'est que dans quelque partie du monde où nous sçavons qu'il règne le plus grand froid que la nature ou l'art puisse produire, il y a cependant du Feu actuellement pré-sent, & cela en très-grande quanti-té, car soit par l'attrition, soit par la percussion, on peut y exciter en un moment un Feu très-violent ; on le voit en frappant un Caillou avec un morceau d'Acier ; ou en portant un Thermomètre en differens en-droits, & en l'appliquant à divers Corps dont la température est la mê-me ; on remarque clairement qu'il reste toujours à la même hauteur. Ainsi je crois avoir expliqué assez in-telligiblement par des expériences, & par les conséquences qui en sont les suites, la premiere méthode phy-sique qu'on peut employer pour pro-duire sûrement, en tout tems & par-tout, cet Etre qui pénétre, qui di-late, ou qui raréfie tout ce qui est connu, excepté le seul espace. Or j'ai démontré ci-devant que c'est cet Etre que tous les hommes appellent Feu. Nous commençons, par conséquent, à connoître quelque chose de sa nature cachée & mystérieuse, & par là nous sommes encouragés à pousser plus loin nos recherches.

EXPÉRIENCE XI.

Si le Feu, expliqué ci-devant, & connu déja par la propriété qu'il a de raréfier, de mouvoir & de pénétrer tous les Corps, est rassemblé dans un espace ou dans un Corps, de sorte qu'il y devienne perceptible à nos sens, aussi-tôt il commence à se mouvoir lui-même, à s'étendre de tout côté en s'éloignant du centre de l'espace ou du Corps dans lequel il est.

Pour mieux faire comprendre ma pensée, & en même tems pour en donner une preuve ; suspendez une bale de plomb à un fil, plongez-là dans de l'eau bouillante, & l'y laissez jusqu'à ce qu'elle ait acquis le même dégré de chaleur que l'eau.

Retirez-la enfuite, par le moyen du
fil ; vous verrez qu'il s'exhalera de
chaque point de fa fuperficie une
chaleur égale, au moins autant que
nos fens en peuvent juger ; elle produira toujours le même effet fur un
Thermomètre placé à une égale diftance de quelque côté que ce foit,
& par toutes fortes de circonftances
vous vous convaincrez que fa chaleur
ou fon Feu fe difperfe également dans
les environs. Faites rougir un morceau de Fer, le Feu dont il eft pénétré luit, brille, & fe montre toujours de la même couleur de quelque
côté qu'on le regarde ; il vous échauffe auffi également de toute part, fi
vous en êtes à une même diftance ;
il a manifeftement de tout côté le même pouvoir de fondre, de fécher,
de brûler. Mais la plus grande preuve qu'on puiffe donner de cette vérité, c'eft que tous les Thermomètres
qu'on plonge dans quelque liqueur
que ce foit, indiquent auffi - tôt le
même dégré de chaleur ou de froid,
par leur dilatation ou leur contraction. En un mot la nature nous confirme par-tout la même chofe.

H iij

COROLLAIRE I.

Tendance particuliere du Feu.

Il paroît donc que c'eſt ici une propriété du Feu ; ſçavoir que toutes ſes parties en ſa dilatant, ou ſe mouvant, tendent également de tout côté, & par conſéquent ne ſont pas déterminées pour un point plutôt que pour un autre. Cela ſemble ſurprenant, j'en conviens, & eſt à peine compréhenſible ; & même l'idée que nous pouvons nous former de cette propriété, différe peu de celle du repos. Je vais tâcher d'éclaircir la choſe par un exemple fort ſimple. Suppoſez une Sphère creuſe & entiérement vuide ; concevez dans ſon centre une autre Sphère cent fois plus petite, dont toutes les parties ayent cette propriété, c'eſt qu'en s'écartant également les unes des autres, elles peuvent remplir exactement la grande Spère : dans ce cas vous aurez un mouvement réel dans toutes ces parties, & cependant toute la maſſe ainſi mue ſera parfaitement indifférente & indéterminée pour un côté particulier. Nous concevons

donc, en conséquence de l'expérience précédente, que le Feu qui réside
dans notre Air commun, s'étend & qu'il
est comprimé perpétuellement suivant cette loi, s'il ne survient aucune autre cause.

C O R O L L A I R E 2.

Les forces du Feu dans cet état de *Calcul de ce*
stagnation, si au moins je puis me *Feu, quant à*
servir de ce terme pour désigner l'é- *sa quantité &*
tat du Feu décrit dans le Corollaire *à sa force.*
précedent, feront comme les espaces
dans lesquels il est contenu ; & par
conséquent les communications de ces
forces hors d'elles-mêmes feront aussi comme ces espaces. Soit la Sphère
A, remplie d'un Air plus chaud que *PLANCHE*
l'autre Air qui est autour, & qui est *III. Fig. 1.*
renfermé dans une plus grande Sphè-
re concentrique B. La quantité &
la force du Feu, qui agit sur chaque
partie de la Sphère environnante,
font à tout ce Feu & à sa force en-
tière comme l'espace sur lequel on le
suppose agir est à tout l'espace renfermé. Or c'est là ce qu'un Géomè-
H iv

tre peut aifément calculer dans toutes fortes de cas. Par conféquent on
peut déterminer la nature de cette
propriété du Feu.

COROLLAIRE 3.

Eclairci par un Exemple. PLANCHE III. Fig. 2.

Pour mieux faire comprendre ma
penfée, concevez le Globe A rempli de Feu, & touché par un autre
B qui lui eft égal : foit le centre du
premier en C ; qu'on tire de ce centre les tangentes à l'autre Globe C D
& C E. Il eft clair que du Globe A
il ne peut point parvenir de Feu au
Globe B, fuivant la loi propofée,
que par le Secteur A F G. Or on
peut trouver géomètriquement la plus
prochaine proportion de ce Secteur
à tout le Globe A, auffi-bien que la
grandeur du Cone C D E, & du
Segment fphèrique D I E. Par conféquent on peut déterminer la quantité du Feu communiqué à ce Segment. Les Géomètres nous fourniffent aifément toutes ces démonftra-
tions. Il me fuffit ici d'avoir indiqué
la chofe.

C o r o l l a i r e 4.

Cela une fois compris , suppofons *Et déterminé* qu'il naiffe une caufe phyfique qui *exactement.* ait le pouvoir de pouffer tout le Feu , contenu dans cette Sphère , fuivant des lignes parallèles , & de le déter- miner directement vers un côté. On conçoit d'abord qu'il fera dirigé de façon , que paffant par le Cylindre E F G I, il entrera tout dans le Glo- PLANCHE be K G B I ; & que par conféquent III. Fig. 3. il employera toute fa force à agir fur ce Globe. Ainfi fon effet , fui- vant cette direction , fera à l'éffet dans le cas précédent, comme le tout à la partie , & comme cette direc- tion parallèle eft à l'autre direction divergente : or par la combinaifon de ces caufes , fa force fera confi- dérablement augmentée. Car la quan- tité du Feu étant doublée , fon effi- cace s'accroît prodigieufement. Lorf- qu'il fait une chaleur de 32 dégrés , l'eau fe gèle ; fi elle eft augmentée du double, c'eft-à-dire jufqu'à 64 dégrés , elle fait que l'air nous pa- roît fort chaud ; trois fois plus gran-

H v

de , ou de 96 dégrés , elle furpaffe la chaleur du fang du Corps humain lorfqu'il eft bien conftitué , l'Air fi fort échauffé devient mortel , peut-être pour toutes fortes d'Animaux : à 192 dégrés , ou fix fois plus grande , elle approche de la chaleur de l'eau bouillante , qui eft capable de diffoudre ou de détruire toutes les parties de quelque Animal que ce foit. Puis donc que l'aire du plus grand cercle de cette Sphère , eft à toute la fuperficie de cette même Sphère , comme 1 eft à 4 , le Feu fera dans la bafe du Cylindre , dont nous avons parlé , quatre fois plus condenfé , qu'il ne l'étoit auparavant fur la furface : par conféquent , fa force ainfi réunie , fera beaucoup augmentée. Si à préfent on connoiffoit exactement combien le pouvoir de dilatation du Feu augmente , à proportion de la petiteffe des efpaces où il eft condenfé , il ne nous manqueroit rien pour finir notre calcul : car fi ce pouvoir eft comme les aires mêmes , fa force fera quatre fois plus grande à caufe de la quantité , & quatre fois plus grande à

cauſe de la dilatation ; & par conſéquent elle ſera rendue ſeize fois plus
violente par ces deux cauſes réunies.
Il faut donc tâcher de découvrir par
des expériences , s'il eſt poſſible de
déterminer quelle eſt la force dila-
tante du Feu rélativement à ſa denſité ? Car il eſt vraiſemblable qu'elle
eſt très - grande , & que par conſéquent ſa direction ſuivant des lignes
parallèles eſt d'une efficace extraordinaire.

E x p é r i e n c e XII.

Si nous portons nos regards de
tout côté , pour découvrir une cauſe qui puiſſe ainſi déterminer l'action
du Feu ſuivant des lignes parallèles ,
le Soleil ſe préſentera principalement
à nous comme un Corps qui a un
pouvoir ſuffiſant pour produire cet
effet. Ce vaſte Globe qui ſuivant le
calcul des Aſtronomes eſt 13431 fois
plus grand que la Terre , & éloigné
de nous d'environ 12543 diamètres
de cette même Terre , fait parvenir
juſqu'à nous ſa lumiére & ſa chaleur
par des lignes droites ; ainſi à cauſe

de ſon prodigieux éloignement, on peut le conſidérer comme nous envoyant ſon Feu ſuivant des lignes parallèles. Il n'eſt pas néceſſaire d'alléguer ici des raiſons tirées de l'Optique, de la Catoptrique, & de la Dioptrique, pour démontrer ce que j'avance ici, c'eſt que les rayons de Lumiere qui émanent du Soleil, ſont toujours pouſſés en lignes droites, s'ils ne rencontrent rien qui les troublent en chemin, ou que s'ils tombent ſur quelque obſtacle, après une infléxion ils continuent leur route ſuivant la même direction ; je ne doute pas que toutes ces raiſons ne ſoient ſuffiſamment connues. Je me contenterai de rapporter une ſeule expérience, qui démontre la choſe, ce me ſemble ; c'eſt-à-dire qui prouve inconteſtablement que tous les rayons qui ſont pouſſés ou déterminés par le Soleil, ſuivent toujours le chemin le plus droit. Suppoſons qu'à minuit, & cela au milieu de l'hyver au renouvellement de la Lune, pendant un très-grand froid, mais ſerein, quelqu'un regarde le Ciel ; dans tout ce grand eſpace il ne verra rien de lumiheux que les étoiles. Il ne fera point affecté par la chaleur du Soleil, non plus que par fa lumière ; il n'appercevra rien de cette dernière que la petite quantité qui tombe fur les Planètes, & que ces Corps réfléchiffent vers lui. Cependant dans ce même tems, les rayons du Soleil, répandus dans tout l'Hémifphère, l'éclairent part tout, excepté ce petit cone, qui a pour bafe le plus grand cercle de la Terre, & pour axe 114 de fes diamètres : il n'y a, dis-je, que cette feule partie comprife dans l'ombre de la Terre, & fi petite à l'égard de tout ce grand efpace, qui ne foit pas éclairée par la lumière du Soleil. Cela nous prouve très clairement, que quoiqu'une lumière fort vive émanée du Soleil éclaire un certain efpace, cependant elle ne peut pas être vue par un Spectateur, pofé au-delà des lignes droites tirées du Corps du Soleil jufqu'à fon œil, à moins que les rayons lumineux ne viennent à tomber fur quelque Corps qui les réfléchiffe jufqu'à lui. La même chofe fe voit de plus près dans une chambre fi exactement fermée de tout côté,

qu'il ne puisse y entrer aucune lumière sensible. Si vous y faites un très-
petit trou qui donne passage à quelques rayons de lumière, vous aurez
dans cet endroit un cone lumineux
dont la pointe sera à ce trou, & dont
la base se projettera à l'infini. Oppo-
sez un Corps parfaitement noir à la
base de ce cone, vous ne verrez absolument aucune lumière, à moins
que vous n'ayez l'œil placé dans ce
cone même ; dès que vous vous en
écarterez d'un côté ou d'autre, vous
n'appercevrez rien, quoique certainement tout ce cone soit fort lumineux. A la vérité j'avoue que si vous
regardez ce cone de côté vous y dis-
cernerez une foible lumière ; mais si
vous voulez y faire quelque attention,
vous conviendrez d'abord avec moi,
que toute cette foible lumière que
vous voyez est due uniquement aux
petits grains de poussière qui voltigent dans l'Air, & qui réfléchissent
les rayons qui tombent sur eux : sans
cette poussière il ne paroîtroit rien
de lumineux. On en a une preuve
manifeste, lorsque par hazard, & c'est
ce qui arrive quelquefois, ces petits

grains de pouffière font difpofés de façon qu'ils ne réfléchiffent point de lumière. Fondés donc fur cet argument, nous nous perfuadons que le Soleil a le pouvoir de détourner les parties de Feu de leur tendance naturelle, qui eft du centre à la circonférence, & de les pouffer fuivant des lignes parallèles.

Nous nous confirmerons encore dans ce fentiment, fi nous réfléchiffons que tous les objets, vifibles par le fecours de la lumière, mais obfcurs par eux-mêmes, commencent d'abord à luire, ou à être vus, dès que des rayons émanés du Soleil, tombent fur eux en lignes droites, & qu'ils difparoiffent dès le moment que quelque obftacle empêche le Soleil de darder directement fur eux fes rayons. Nous aurons une autre preuve de cette vérité, fi nous concevons bien que des rayons, qui tombent du Soleil fur un miroir parfaitement plat, & qui en font réfléchis fuivant des loix fixes, n'illuminent que l'endroit où fe fait la réflexion. C'eft ce qu'on démontre en Catoptrique ; on prouve de plus qu'un rayon de lumière, parti en droiture du Soleil, tombant fur un miroir très-net, & réfléchi en droite ligne par ce miroir fur un autre, eft encore réfléchi par ce dernier ; & cependant ce même rayon tant de fois réfléchi, retient toujours la faculté de luire, & eft toujours vû uniquement par une ligne droite tirée du point lumineux du dernier miroir réfléchiffant jufqu'à notre œil. Or comme cela arrive dans toute l'image du Soleil, auffi-bien que dans un point de cette image, il eft évident que cette force, par laquelle le Soleil détermine le Feu fuivant des lignes droites, doit avoir lieu pendant tout le tems que cette émanation & cette réflexion de rayons continuent. Mais dès que le Soleil s'eft retiré, auffi-tôt cette détermination fuivant des lignes droites ceffe, & le Feu reprend fa premiere tendance, & fon premier pouvoir de dilatation. Pour cette raifon donc encore, on peut regarder le Soleil comme imprimant au Feu un mouvement fuivant cette direction.

Si nous confiderons de plus, que

le Soleil, tout grand qu'il eſt , ne nous paroît, à cauſe de ſa prodigieuſe diſtance , que comme un Globe très-lumineux , dont le diamètre con-tient $\frac{61}{43200}$ ou $\frac{1}{708\frac{1}{61}9}$ ou 30′. 30″ d'un Cercle céleſte viſible ; nous conce-vrons que les rayons qui en émanent, eu égard au petit eſpace ſur lequel nos obſervations tombent, peuvent paſſer pour parallèles. Enfin nous avons encore une plus forte preuve de cela , en ce que dans l'Optique , la Catoptrique & la Dioptrique, on ſuppoſe toujours que les rayons de lumière , qui nous viennent du So-leil, ſont parallèles entr'eux lorſqu'on calcule leur route , leurs réflexions , leurs réfractions ; & cependant les calculs ſont exacts, & par leur moyen on peut déterminer les véritables points des Foyers, des réflexions, & des routes de ces rayons ; de fa-çon que les Phénomènes répondent aux démonſtrations avec la dernière juſteſſe. Par toutes ces obſerva-tions, que je viens de raſſembler en peu de mots, il eſt clair que le So-leil eſt une cauſe qui , dès qu'elle peut agir ſans aucun empêchement , la matière lumineuse qui réside dans notre air à se mouvoir sous la forme de rayons parallèles.

Mais de tout tems on a remarqué que ces rayons solaires, ainsi lumineux & parallèles, produisent de la chaleur dans les Corps sur lesquels ils tombent. Par conséquent, tout ce qui vient d'être démontré de la lumière, sera aussi évidemment vrai de la chaleur. Et comme nous parlons ici de cette chaleur qui se découvre par le moyen des Thermomètres, nous concluons encore que tout cela est aussi applicable au véritable Feu, tel que nous l'avons décrit ci-devant. Nous avons donc trouvé la raison pour laquelle le Soleil par son action directe, peut augmenter considérablement la force que le Feu a de dilater les Corps, en lui imprimant une certaine direction, sans lui ajoûter aucune nouvelle matière, sans qu'il émane aucun Feu du Corps même du Soleil, ou sans qu'il se produise aucun Feu de ce qui ne l'étoit pas auparavant. C'est-là, si je ne me trompe, une des plus importantes découvertes qu'un

Chymiſte puiſſe faire ſur le Feu.

On demandera peut-être, pourquoi donc une chandelle allumée, qui pouſſe auſſi ſes rayons de lumière ſuivant des lignes droites, n'échauffe pas en même tems l'endroit qu'elle éclaire ? La raiſon en eſt facile à trouver : c'eſt que ce petit cone lumineux ne pouſſe pas ſes rayons parallèles les uns aux autres, mais les diſperſe en une eſpèce de Sphère ; par conſéquent, il ne détermine pas vers un endroit particulier le Feu qui eſt dans la chambre, il le meut également de tout côté. Mais ſi l'on en approche de ſi près, que les rayons puiſſent preſque paſſer pour parallèles, on ſentira d'abord de la chaleur.

Je crois que par là la difficulté eſt entièrement levée, principalement ſi l'on réfléchit ſur ce que j'ai dit cy-devant de la différence qu'il y a entre la lumière & la chaleur.

C O R O L L A I R E I.

Si donc on intercepte les rayons ſolaires, qui pouſſent le Feu ſuivant des lignes parallèles, auſſi-tôt ce pa-

Dès que ce Parallèliſme ceſſe la Chaleur ceſſe auſſi.

rallèlifme ceffe, & au même inftant
les parties ignées s'étendent également de tout côté : ce qui fait voir
clairement que toute leur force précédente étoit due à ce feul parallè-
lifme. Car dans un jour ferein, &
en plein midy, réuniffez par le
moyen d'un miroir ardent les rayons
folaires en un Foyer, capable de fondre même le Fer ; mettez entre ce
Foyer & le Soleil un Corps opaque, affez grand pour obfcur-
cir dans un moment toute l'aire
du miroir ; dans le même inftant
le Feu de ce Foyer s'éteindra entiérement, quoique l'air qui eft entre ce
Corps & le miroir, refte également
chaud, c'eft-à-dire, rempli d'autant
de Feu qu'auparavant, & quoique le
Soleil continue à luire toujours de la
même manière ; mais cette direction
paralèlle a été interrompuë, c'eft là
tout ce qui eft arrivée. Et l'on ne
doit pas croire qu'il y ait eu plus de
Feu entre le miroir & le Foyer pendant que le Soleil frappoit directement le miroir : car on n'y décou-
vroit pas une plus grande chaleur,
excepté celle qui étoit produite par

la réflexion. Il y a donc une très-
grande différence entre cette chaleur
que le Feu donne par l'attrition des
Corps, & celle qui nait dans l'air
par le parallèlisme des rayons solaires : la première dure longtems, &
celle-ci périt aussi tôt. Si cependant
un Corps a été échauffé par le Soleil, il retient le dégré de chaleur
qu'il a acquis, plus ou moins
long-tems à proportion de sa solidité.

Les Jardiniers qui ont bâti des
ferres pour conserver des Plantes en
hyver, ont souvent éprouvé à leur
dommage tout ce qui vient d'être remarqué. Si le Soleil, qui luit en hyver depuis dix jusqu'à deux heures,
entre dans ces ferres par des fenêtres
disposées de façons que les rayons
ne puissent pas parvenir jusqu'au plat-
fond ; mais que tendant en bas, ils
laissent entre l'espace qu'ils éclairent
& le plat-fond un endroit ou le Soleil ne donne point ; alors dans cet
endroit, toutes choses d'ailleurs égales, il y a toujours un plus grand
froid, & il s'y rassemble une humidité froide, qui venant à tomber sur

Comment il faut bâtir les ferres où l'on conserve les Plantes.

les Plantes, fait périr presque toutes les plus tendres. Il faut donc que
ces serres, opposées directement au
midy, soient construites de façon
qu'elles ayent des vitrages bien trans-
parens, & qui s'étendent s'il est possible jusqu'au pavé, en faisant avec
la perpendiculaire un angle de 14
dégrés 30'. Ensuite le plat-fond doit
être bâti de sorte que dans le pays
où l'élevation du Pole est de 52 dégrés $\frac{1}{2}$, il fasse avec la ligne hori-
zontale tirée du haut des fenètres,
vers la parois opposée, un angle de
20 dégrés 30'. On peut découvrir
aisément la raison d'une telle construction paa le moyen de l'Astrono-
mie & de la Gnomonique, je l'omets
ici pour ne pas m'étendre trop.

C O R O L L A I R E 2.

La plus grande chaleur que le Soleil produise dans notre air, & dans
les Corps qui en sont échauffés, par
le moyen de ce parallèlisme, est
beaucoup moindre que celle que les
actions vitales produisent dans un
Homme qui est en fanté. Car celle-

ci fait monter ordinairement le Thermomètre jusqu'à 20 dégrés, au lieu
que l'autre parvient très - rarement
jusqu'au 48e dégré, & quand elle y
est parvenue elle n'y reste pas long-
tems, mais elle baisse aussi-tôt. Remarquez que je parle ici uniquement
de cette chaleur qui est produite par
les seuls rayons qui partent en droite
ligne du Soleil, dans un lieu ouvert,
& sans qu'ils soient ni réfléchis ni
rassemblés. Car les nuées par la réflexion , & les Globules d'eau qui
naissent dans l'air, peuvent par la réfraction augmenter beaucoup la force
de ce Feu. Cependant on n'a jamais
remarqué que ni ce parallèsisme, ni
ces réflexions & réfractions naturelles, ayent produit un Feu assez grand
pour enflammer l'Alcohol, les Huiles, le Souffre, ou la Poudre à canon ; à moins qu'elle n'ayent été ac-
compagnées de la Foudre, dont nous
parlerons dans la suite. Or ce que je
dis ici est vrai de la chaleur qu'on
éprouve sous l'Equateur , & dans
toute la Zone torride. Il paroît donc
par là que la plus grande force du
Soleil, n'est pas capable d'échauffer

aucun Corps connu au point que de l’eflammer & de le confumer, & d’exciter ainfi des incendies qui n’ayent aucune autre caufe; la Foudre feule peut produire cet effet. Il eft clair, par conféquent, que dans les pays les plus chauds, le Soleil le plus ardent ne peut pas exciter autant de Feu, qu’en produit en peu de tems un frottement moderé, dans un lieu & dans des Corps très-froids : car fi l’on frotte un morceau de Fer contre un autre, ces deux morceaux s’échaufferont affez promptement jufqu’à allumer le Souffre ou la Poudre à canon qu’on jettera deffus ; & cependant ils ne luiront pas encore. Cela nous apprend qu’il n’eft pas étonnant de voir des Corps lumineux qui n’échauffent pas beaucoup, & que ce n’eft pas toujours raifonner conféquemment que de dire, un tel Corps jette une grande lumière, donc il eft fort chaud. Car lorfqu’en hyver le Soleil eft parvenu au méridien, & que le tems eft ferein, il frappe fi vivement les yeux qu’il les éblouit pendant affez long-tems ; & cependant il n’eft pas affez chaud, même en

plein

plein midy , pour fondre même la
glace fine qui eſt ſuſpendue alors dans
l’air , & ſur laquelle il donne à plomb ;
c’eſt ce que j’ai obſervé moi-même
pendant cet hyver. L’image du Soleil réflechie par un morceau d’Or,
d’Argent, de Fer , d’Etain ou de
Verre bien poli , eſt inſupportable à
nos yeux à cauſe de ſon grand éclat,&
cependant elle ne nous communique
aucune chaleur , ni n’affecte aucunement le Thermomètre. D’où je conclus derechef qu’il y a une très-grande différence entre la nature de la lumière & de la chaleur, & entre la lumière & le Feu.

C o r o l l a i r e 3.

L’Etre ſuprême a donc pourvu fort
ſagement à ce que les Corps des animaux & des Végétaux, même les plus
tendres, ne fuſſent pas détruits par la
force directe du Soleil. Je dis la force directe , pour qu’on ne croye pas
que je parle auſſi de celle qui eſt produite par la réflexion & la collection
des rayons ; cette derniere eſt quelquefois ſi violente , qu’elle devient

*Il détruit ra-
rement des
Corps.*

I

insupportable aux Hommes. On en a un exemple dans l'Isle d'Ormus, où il y a des hautes montagnes d'un Sel tres-blanc, qui dans une certaine position à l'égard du Soleil en réfléchissent les rayons, les rassemblent, de sorte que cet endroit est inhabitable dans ce tems-là. Cependant ce même dégré de chaleur ne dure pas long-tems ; ordinairement il est bien-tôt temperé par le froid qui ne tarde pas à survenir.

COROLLAIRE 4.

Il n'est pas le même en diffé ens en-droits.

Si donc le Soleil frappoit l'Atmosphere de la Terre, dans un tems où tous les petits Corps qui y voltigent, seroient disposés de façon qu'ils donnassent également par tout un libre passage aux rayons, alors il pousseroit suivant des lignes parallèles tout le Feu qui se trouveroit dans l'Atmosphere, si l'on en excepte cette portion qui seroit obscurcie par l'ombre conique de la Terre ; mais il n'est pas croiable, pour plusieurs raisons différentes, que cela puisse jamais arriver ; par

conféquent il eſt très-vraiſemblable
qu'il s'y fait continuellement pluſieurs
réflexions, réfractions, collections &
diſperſions ſingulieres de rayons, &
que par là la force & l'action du
Soleil ſur l'Atmoſphere, & conſé-
quemment ſur la Terre même, eſt
extrêmement variée par tout. Quant
à ces lieux qui ſont au-delà de l'Atmoſphere de notre Terre, le Feu qui
s'y trouve, dirigé par le Soleil toujours de la même maniere, paroît ne
devoir pas différer de l'eſpace même, ſi au moins il s'agit de régions
qui ne ſont pas trop éloignées.

C O R O L L A I R E 5.

Cela nous porte à croire qu'il n'eſt *Par pluſieurs raiſons.*
preſque pas poſſible d'obſerver pré-
ciſément le même dégré de Feu en
divers endroits; car ſoit que l'on
conſidere les différens aſpects du Soleil à l'égard de la Terre, ſoit que
l'on refléchiſſe ſur la diverſité qui ſe
trouve dans la nature & le mouvement des Corps qui nagent dans
l'Atmoſphere, ou ſur les différences
de la nature de cette même Atmoſ-
I ij

phere à diverses hauteurs, ou sur
d'autres circonstances, on trouvera
toujours, qu'il n'y a rien à quoi il
ait été obvié avec plus de précaution, qu'à ceci; c'est que l'effet du
Feu ne fut pas le même en différens
endroits. Les expériences suivantes
nous feront connoître toute l'efficace
de ces causes.

EXPÉRIENCE XIII.

Surtout à cause des dif-férentes cou-leurs des Corps. Si ce Feu déterminé par le Soleil, tombe sur les Corps les plus
noirs qu'on connoisse, sa chaleur y
est retenue pendant un tems considérable. Par conséquent le même dégré de Feu échauffe ces Corps beaucoup plus promptement, & même
plus fortement que les autres; sont-ils
secs aussi beaucoup plus vîte, lorsqu'ils ont été mouillés, & ils s'enflamment encore plus aisément. Qu'on
suspende en plein air, & dans un endroit exposé au Soleil, diverses piéces de drap de la même espéce, l'u-
ne teinte en un beau noir, & une autre parfaitement blanche, une troisiéme de couleur d'écarlate, & ainsi

plufieûrs autres de différentes couleurs; on remarquera toujours que
le drap noir fera celui qui s'échauffera davantage & le plus promptement, & qu'au contraire celui qui
refléchira le plus vivement la lumiere, fera le plus tardif, à s'échauffer :
le drap blanc s'échauffera donc le
plus lentement, après lui le drap
rouge ; & les autres s'échaufferont
plus vîte, à proportion qu'ils auront
une couleur moins éclatante, comme
cela fe voit fenfiblement dans un
drap d'un verd foible : & c'eft ce que
les Peuples qui habitent un climat
chaud éprouvent très-fouvent ; car
s'ils portent des habits blancs, pendant que le Soleil eft dans toute fa
force, ils fe préfervent admirable-
ment bien contre la chaleur ; & fi au
contraire ils en portent des noirs,
la chaleur fuffoquée dans ces habits
les incommode davantage. Les Ma-
nufacturiers en drap de laine ont encore fait à cet égard une remarque
qu'il ne faut pas omettre, c'eft que
fi l'on fufpend en même tems, &
dans la même expofition à l'égard du
Soleil, plufieurs draps de différentes

couleurs, le drap noir s'échauffera, fumera & féchera d'abord ; le blanc au contraire retiendra fon eau fort long-tems, & les autres fe fécheront plus lentement à proportion qu'ils feront d'une couleur plus vive. Par conféquent, les habits blancs confervent leur humidité plus long-tems, & par là même font moins chauds.

Il y a déja du tems qu'on a remarqué de plus, que le même dégré de Feu allume, enflamme, & réduit en cendres plus aifément les Corps noirs, que ceux d'une autre couleur. La fciure d'un bois bien blanc, par exemple, conferve avec peine une étincelle de Feu qui tombe deffus ; mais changez par le Feu ce même bois en charbon noir, & le réduifez en poudre, vous verrez qu'une petite étincelle y reftera, & qu'elle allumera promptement toute cette pouffiére. Un linge bien net, & bien blanc, ne nourrit pas long-tems une étincelle ; mais que cette étincelle tombe fur ce même linge brûlé & éteint, de façon qu'il foit réduit en un efpéce de charbon fin & très-noir, auffi-tôt elle fe répan-

dra dans toute la fubftance. Si la
poudre à Canon n'etoit pas noire,
elle ne s'enflammeroit pas fi aifément, comme cela fe voit manifeftement dans la poudre faite de Nitre
bien blanc broié avec du fouffre. Les
Jardiniers ont éprouvé depuis long-
tems à leur dommage, que la terre la
plus blanche n'eft échauffée par le
Soleil que dans fa fuperficie, & qu'au
contraire la noire eft fi fort pénétrée
par la chaleur, qu'elle brûle les raci-
nes des plantes. Il y a long-tems
auffi que les Chymiftes favent que
les Corps noirs mis en digeftion, ou
déja réduit artificiellement à cet état,
s'échauffent plus aifément par le même dégré de Feu; ils ont dit que la
tête de corbeau, le cou de cigne &
la queue de paon demandent différens dégrés de chaleur. Enfin les
Philofophes ont confirmé la chofe
par des expériences qui ne laiffent
plus aucun doute. Si l'on expofe un
papier blanc au foïer d'un verre ardent, il y reftera long-tems avant
que de s'échauffer, & plus long-tems
encore avant que de brûler; dès
qu'il commence à s'allumer fa blan-

cheur se passe, il devient roux, puis noir, & alors il s’enflamme dans un moment ; mais si l’on place dans ce même foïer un papier noir, il s’enflamme d’abord. Voyez sur cela les curieuses observations qui se trouvent dans les mémoires de l’Académie del Cimento. Sagg. Esperienz 266, 267. Ce que je viens de remarquer nous aide à expliquer plusieurs faits concernant les Météores ; car chacun sait que les effets du tonnerre ou de la foudre sont les plus effrayans lorsque le Ciel est couvert d’une obscurité de couleur de poix & de nuages noirs ; un tel tems est ordinairement accompagné de violens tourbillons, occasionnés par la raréfaction que cause dans l’air la prodigieuse chaleur qui y naît subitement & qui est retenue.

EXPÉRIENCE XIV.

Les Corps noirs ne réfléchissent point la lumiere du Feu, ou la lumiere qui donne de la chaleur, quoiqu’ils la reçoivent directement du Soleil lorsqu’il donne sur eux avec le

plus de force. Je m'en suis convaincu en obscurcissant un miroir ardent
avec une légere couche de la fumée
d'une chandelle ; ainsi noirci je l'op-
posai au Soleil, sans qu'on pût voir
aucune lumiere, ni sentir aucune
chaleur à son foïer, je ne pus même
par aucune expérience y découvrir
le moindre signe de Feu; mais dès
que j'eus essuyé cette fumée, & que
j'eus rendu à ce miroir son premier
éclat, aussi-tôt dans la même exposition au Soleil, il recouvra le pouvoir de luire & de brûler. Voilà la
raison pour laquelle ceux qui ont
une inflammation dans les yeux ne
font point incommodés par le noir,
& qu'au contraire il n'y a point de
couleur qui les foulage davantage
que la noirceur ou l'obscurité, qui
eft une privation entiere de toute
couleur. Les verres même de Tschirnhaus noircis légèrement à la fumée
d'une chandelle, & opposés en cet
état au plus ardent Soleil, ne produifent abfolument aucune chaleur
ni aucune lumiere dans leur foïer.

Ces obfervations nous font voir
clairement, que fouvent très-peu de

chofe fuffit dans l'air pour fuffoquer
entierement les plus grands effets du
Feu qui dépendent de l'action du Soleil, & pour que la même caufe produife tout d'un coup une chaleur
bien différente en divers lieux : &
ce qu'il y a ici de plus furprenant,
c'eft qu'il ne faut pour cela qu'une
couche de noir fi fine, qu'elle femble n'être qu'une feule fuperficie noire fans aucune épaiffeur.

Les Corps
blancs la re-
fléchiffent
très vive-
ment.

D'un autre côté, les Corps qui
font très-blancs, refléchiffent la lumiere à peu près avec la même force
qu'ils la reçoivent. Ayez un miroir
plan fait de quelque métal blanc,
d'argent, par exemple, bien purifié ;
il refléchit l'image du Soleil pref-
qu'auffi vivement qu'il l'a reçue, il
éblouit & incommode la vue, fur-
tout fi l'on a quelque inflammation
dans les yeux. Voyez un verre bien
tranfparent, plat & oppofé au Soleil ; il donne, ce femble, un libre
paffage aux rayons, prefque fans les
changer ; regardez-le en vous plaçant directement entre lui & le Soleil, vous n'y appercevrez rien ; mais
incruftez-le par derriere d'une cou-

che de mercure & d'étain, qui mêlés en certaine proportion produisent un mélange d'un très-beau blanc,
aussi-tôt l'image du Soleil refléchie
par ce miroir est si vive que vous ne
sauriez en supporter l'éclat.

Chacun sait que la couleur d'or *Aussi bien*
refléchit aussi la lumiere très-vive- *que les jau-*
ment ; mais on n'en a jamais eu une *nes.*
preuve plus évidente qu'en Saxe, où
l'on a vu un miroir concave fait de
bois, très-artistement travaillé, bien
poli & couvert de feuilles d'or appliquées avec soin sur sa surface. Ce
miroir brûloit avec une force incroiable ; & il ne faut pas croire que
cet effet doive être attribué à la matiere métallique ; on a vu un autre
miroir plus surprenant, & qui brûloit aussi très fort, quoiqu'il ne fut
fait que de brins de paille jaune,
joints artistement les uns aux autres.

La couleur rouge, & les autres
couleurs primitives que l'incomparable NEWTON a si bien su distinguer, peuvent être examinées de
la même maniere tant par rapport à
la lumiere qu'elles rassemblent en un
foïer, que par rapport à la force du

Feu qu'elles y concentrent. Si l'on
expose au Soleil des miroirs de même matiere, de même grandeur, de
même forme, & polis de la même
maniere, mais de diverses couleurs,
la différence de la force du Feu dans
leur foïer, apprendra ce qu'on doit
penser sur l'effet des couleurs, par
rapport à la propriété de produire
du Feu; elle nous fera connoître
aussi les couleurs qui échauffent, qui
refroidissent, qui communiquent un
dégré de chaleur modérée; qui re-
fléchissent, qui retiennent, qui dissipent le Feu qui vient à les frapper;
mais comme je dois pousser plus loin
l'examen du Feu, c'est assez d'avoir
indiqué ici la chose. Voyons donc
les Corollaires qui en sont des suites.

COROLLAIRE I.

Miroirs ar-
dens.
   Ce qui vient d'être remarqué,
nous apprend au juste ce qu'il faut
penser des miroirs ardents, en tant
que leur efficace dépend de la couleur
de leur superficie polie; puisque toutes choses d'ailleurs égales, un petit
nombre d'expériences faites avec

soin, peut nous mettre en état de déterminer jusqu'à quel point la force de leur foïer dépend de leur couleur.

COROLLAIRE 2

Nous pouvons aussi déduire des mêmes principes quel effet les différentes couleurs produisent sur les Corps, quant à la propriété qu'ils ont d'échauffer ou de réfroidir. Pour ce qui est de la terre sur laquelle nous marchons & que nous voyons, il est certain que celle qui est noire brûle les pieds, sans incommoder la vue; au lieu que la terre blanche, échauffe à peine les pieds, éblouit, enflamme, & brûle les yeux par sa blancheur éclatante. On en peut dire autant des peintures & des tapisseries. Cette connoissance nous fera sur-tout trouver des moyens très-commodes pour garantir notre Corps de la chaleur, & nos yeux de l'éclat de la lumiere. Les maisons, par exemple, blanches en dehors, sont très-froides en dedans; & au contraire celles qui sont noires au dehors, sont très-chaudes dans leur intérieur, si la matiere & l'épaisseur de leurs murailles sont les mêmes. Un chapeau dont la superficie extérieure & exposée à l'Air est blanche, pendant que la surface intérieure de ses ailes est noire, garantit beaucoup la tête contre la chaleur, lorsque le soleil est dans toute sa force.

C O R O L L A I R E 3.

Causes de la Chaleur dans la Terre & dans l'Air. Les mêmes causes produisent une chaleur insuportable dans la terre noire, lorsqu'elle est exposée au Soleil, & si elle est d'une autre couleur, c'est l'air qui s'échauffe à un point qu'on ne sauroit le soutenir. Cela est surtout sensible dans l'Isle d'Ormus, où les rayons du Soleil refléchis par des montagnes fort blanches qui s'étendent de l'Est à l'Ouest, échauffent si fort l'air, que les hommes y meurent, s'ils ne dorment pas ayant le corps plongé dans l'Eau, à l'exception de la tête qu'ils élevent par des soutiens. La même chose a aussi lieu à Gamron, où il y a une montagne de sable blanc, qui refléchit & rassemble

les rayons de telle maniere, qu'il n'y
a peut-être aucun autre lieu au monde où la chaleur de l'Atmosphere
soit si grande ; & cependant ces
deux endroits sont situés du côté du
Nords en-déça du Tropique. Voyez
entr'autres les Voyages de *Nieuhof.*
pag. 80-91.

C O R O L L A I R E 4.

L'eau, & les autres liqueurs sont
élevées en l'air par la force du Feu
terrestre ou aërien. Cette même force fait que leurs particules s'écartent
plus les unes des autres, à proportion
qu'elles sont moins comprimées par
le poids de l'Atmosphere. Plus donc
elles montent haut, plus elles s'écartent entr'elles, tant parce que l'espace qu'elles occupent est augmenté,
que parce que leur attraction réciproque est diminuée. Par-là même elles
sont moins exposées au frottement,
& rassemblent moins de Feu autour
d'elles, sont plus froides, & voltigent sous la forme de Corpuscules
extrêmement mincés, dans de vastes
espaces où elles trouvent toujours

Origine des Météores.

moins de réſiſtance à proportion qu'elles s'élevent davantage.
Auſſi long-tems qu'elles ſont ainſi
agitées, les parties de l'eau ſont
peut-être réſoutes en leurs plus petits
Elémens qui ſont très durs & immuables, & qui quoique très-roides,
conſidérés ſéparément, compoſent
dès qu'ils ſont réunis une eau auſſi
fluide qu'auparavant. Or ſi-tôt que
certaines cauſes font que pluſieurs
parties de vapeurs aqueuſes commencent à ſe réunir de nouveau,
dans cette région ſupérieure & froide
de l'air, il eſt vraiſemblable qu'alors
l'air ſe remplit de glaçons fort petits.
Ces glaçons commençant à deſcendre vers la terre, ſe trouvent dans
des eſpaces moindres, & par conſéquent ſont plus étroitement joints les
uns aux autres ; dans cet état réflé-
chiſſant les rayons du Soleil qui tombent ſur eux, ils forment dans l'air
des nuées qui nous paroiſſent très-
blanches : & plus la blancheur de ces
nuées eſt éclatante, plus ſûrement
auſſi, pour l'ordinaire, elles nous
préſagent de la nége, de la grêle,
des pluyes & des vents froids. Or

plus le côté d'une telle nuée; tourné vers le Soleil, paroît blanc, plus
auſſi l'autre côté doit devenir froid à
proportion, parce que pendant ce
tems-là il eſt privé de la chaleur du
Soleil. Delà il ſuit évidemment que
ces nuées peuvent augmenter en très-
peu de tems la chaleur de l'air, ſurtout s'il y en a pluſieurs qui ſe trouvent ſituées à l'égard du Soleil de
façon qu'elles en refléchiſſent les
rayons en un petit eſpace, & forment par-là dans l'air une eſpéce de
foïer; mais ſi pendant que le Soleil
luit, nous voyons dans le Ciel des
nuages très-noirs, c'eſt ordinairement un ſigne qui nous annonce des
éclairs & des tonnerres.

C O R O L L A I R E 5.

Quand on a compris ce qui vient
d'être dit, on n'eſt plus ſurpris de
ces viciſſitudes de chaleur & de froid
qui arrivent quelques fois ſubitement
dans certains endroits de notre Atmoſphere; car ſi nous conſidérons
qu'au moment même que le Soleil
frappe directement notre air, il dé-

termine fuivant des lignes parallèles le Feu qui y eft, & qui auparavant fe répandoit également de tout
côté, nous verrons d'abord que cela
doit augmenter beaucoup la chaleur.
Faifons encore reflexion que la terre,
fur laquelle nous marchons, eft auffi
expofée fubitement à ces rayons parallèles, ce qui ne peut que l'échauffer en peu de tems. Enfin tous les
Corps qui font dans l'air ou deffus
la terre, font également affectés par
ces rayons du Soleil qui tombent fur
eux, & par conféquent ils doivent
toujours acquérir une nouvelle chaleur. Ainfi ces caufes peuvent augmenter confidérablement la chaleur
dans un endroit particulier, quoiqu'il n'y furvienne pas une feule
particule de Feu, outre celles qui
y étoient auparavant. Voilà donc
que nous avons découvert dans la
nature une autre maniere de rendre
fenfible le Feu caché; c'eft l'action
du Soleil qui détermine les particules de ce Feu fuivant une direction
parallèle.

EXPÉRIENCE XV.

Si à préfent nous concevons que des Corps parfaitement blancs, très-polis, très-petits, fe joignent enfemble de façon que le Feu, rendu parallèle par l'action du Soleil & dirigé du côté de leur furface, en foit refléchi & réuni en un feul point : alors nous aurons raffemblé en cet endroit tout ce Feu qui auroit confervé fon parallélifme ; fi ces petits Corps fur lefquels il tombe s'étoient trouvés difpofés parallèlement entr'eux , ou fitués dans le même plan.

Par conféquent donc, la force qui réfulte de la quantité du Feu raffemblé dans ce lieu de réunion, & que nous appellerons foïer dans la fuite ; cette force, dis-je, fera d'autant plus grande, que l'efpace dans lequel les rayons feront raffemblés, fera plus petit rélativement à toute l'étendue des furfaces des Corps refléchiffans. Ce qui eft d'autant plus remarquable que la force de ce Feu eft déja confidérablement augmentée par son parallèlisme, comme nous l'avons vu ci-devant.

Si donc il étoit possible de construire un miroir concave, dont la cavité fut formée par la révolution de la plus parfaite parabole du premier genre d'Apollonius, autour de son axe, & qui par conséquent eut éxactement la figure d'un Conoïde parabolique; si de plus la matiere de ce miroir étoit la plus dense qui se put trouver, d'or par exemple, & d'un blanc éclatant, tel que celui du vif-argent; si elle étoit aussi élastique que de l'acier bien pur; & enfin si l'ouverture de la base de ce miroir étoit très-grande; alors toute la force du Feu, qui tomberoit sur le miroir suivant une direction parallèle par le cercle qui feroit la base du Conoïde parabolique, & qui feroit exposé au Soleil dans une situation parallèle; toute la force de ce Feu, dis-je, feroit réunie dans un point de l'axe, au-dedans de la Parabole, éloigné du sommet d'une quantité égale à la quatriéme partie du Paramètre de l'axe. Par conséquent en

augmentant la capacité du miroir,
on augmenteroit auſſi toujours plus
cette force ; mais toute l'induſtrie humaine n'a pas encore pu parvenir à
découvrir une telle matiére, ni à donner exactement cette figure à un corps
concave ; ainſi nous conprenons bien
qu'elle ſeroit la meilleure maniére de
conſtruire un excellent Miroir, mais
juſqu'à préſent il n'a pas été poſſible
de la réduire en pratique.

*Mais la con-
fuſion d'un
tel Miroir a
été juſqu'a pre-
ſent impoſſi-
ble.*

Ce qu'on à cru pouvoir faire en approcher de plus près, a été de choiſir
une matiére bien ſolide, fort blanche,
trés-dure & trés-élaſtique, & d'eſſayer
de la polir de façon qu'il ne reſtât
aucune inégalité dans ſa cavité, &
en même tems de lui donner une figure ſphérique. On eſpéroit d'en
pouvoir venir à bout par le frottement qu'on exciteroit à l'aide du
tour ; mais l'expérience a appris que
ce n'étoit pas là un moyen fort aiſé
à réduire en pratique, à cauſe de la
difficulté qu'il y a de donner le poli.
Cependant on a excité avec les miroirs ainſi travaillés un Feu ſi violent,
qu'il ſurpaſſe tout ce qu'on en peut
croire.

Je me contenterai de parler ici d'un seul de ces miroirs, que je choisis entre plusieurs autres, parce que c'est le meilleur qui ait été connu jusqu'à présent. C'est celui qui a été fait avec beaucoup de dépense & de travail, par d'excellens ouvriers de Lyon, Messieurs Villetes, le Pere & les deux Fils. Il est fait d'un mélange de matiere métallique, qui n'a été découvert qu'après plusieurs essais. Sa forme est celle d'un segment de sphere concave; la corde du segment de cercle par la révolution duquel il a été formé, ou le diamettre du cercle, qui termine son ouverture, est de 43 pouces, par conséquent l'aire du plan par lequel entrent les les rayons est de $1452\frac{11}{14}$ pouces de France. Ses deux côtés, le concave & le convexe, font sphériques & polis l'un & l'autre, autant qu'il a été possible. La masse entiere du miroir pèse 400 livres, poids de France. Enfin les rayons solaires qui tombent par l'ouverture dont je viens de parler, sur ce miroir lorsqu'il est directement opposé au Soleil, se rassemblent en l'air en un cercle d'un de-

mi pouce de diametre, & éloigné
de 3 pieds ½ du fond du miroir. Si
donc tous les rayons qui partent parallèles du Soleil, & qui tombent
fur la fuperficie concave du miroir,
étoient refléchis en ce foïer, le cercle qui forme l'ouverture par lequel
ils font réunis, comme 7396. à 1.
Par conféquent, il y auroit dans ce
foïer fept mille trois cens nonante-
fix fois plus de Feu que dans un autre efpace égal d'air échauffé en même tems par le Soleil. C'eft-là affû-
rément une prodigieufe différence.

Il faut cependant remarquer que *Il eft difficile*
nous avons fuppofé que tous les *de la détermi-*
rayons qui tombent fur le miroir, *ner à priori.*
étoient refléchis, ce que l'expérien-
ce nous démontre être faux ; car le
miroir n'eft ni exactement fphérique
ni parfaitement poli ; en l'examinant
avec le microfcope on y remarque
plufieurs inégalités, & même en le
regardant obliquement de quelque
côté que ce foit, on peut voir fa
furface concave ; mais quoiqu'il en
foit, fi on pouvoit une fois parvenir
à découvrir quelle eft la raifon des
rayons refléchis aux rayons incidens,

on calculeroit bientôt la proportion qui a lieu dans ce cas ; cependant nous sommes affûrés de ceci, c'eſt que le Feu qui eſt produit ici, eſt des plus violens. Un grand nombre d'expériences, ſouvent réiterées, nous ont appris que tous les Corps combuſtibles s'allument avec une très-grande force, dès le moment qu'ils ſont placés dans ce foïer : ceux-là même qui, à cauſe de la quantité d'eau dont ils ſont pénétrés, ne brûlent pas facilement, à moins qu'ils n'ayent été féchés par le Feu, s'enflamment ici dans un inſtant. Cela ſe voit manifeſtement lorſqu'on agite de côté & d'autre une groſſe branche de bois verd, car malgré ſon humidité & ſon mouvement elle ne laiſſe pas de s'enflammer dans chaque partie qui paſſe par ce foïer. En moins d'une minute les ſix métaux s'y fondent, auſſi bien que tous les demi-métaux qu'on y a expoſés juſqu'à préſent ; toute matiere pierreuſe s'y fond & s'y vitrifie dans un moment. On a encore une plus forte preuve de la violence avec laquelle ce foïer agit, en ce qu'il fond dans un clin
d'œil

d'œil les os, dont les cendres, avec
lesquelles se font les Coupelles, résistent si puissamment au Feu & au
Plomb; & en ce qu'il convertit en
verre les Briques, l'Argile, le Sable,
les Creusets, le Marbre, le Jaspe &
le Porphyre. Enfin, ces mêmes Pierres que les Massons employent avec
succès à la construction des fourneaux, qui sont destinés à fondre le
Fer, & à le séparer de sa Mine; ces
Pierres, dis-je, se fondent & se vitrifient ici dans un moment; effet que
les plus expérimentés dans ces sortes
de choses, & ceux qui connoissent le
mieux la force du Feu renfermé, n'auroient jamais pû s'imaginer; car ces
mêmes Pierres peuvent souffrir pendant plusieurs années sans aucune altération le Feu prodigieux qu'on fait
continuellement dans ces fourneaux.
Par conséquent la force du Feu de ce
föier fait dans un instant, ce qu'un
autre Feu, d'ailleurs reconnu pour
très grand, n'auroit pû opérer pendant l'espace de plusieurs années. Et
cependant ce Feu réside dans l'air, &
peut-être même dans le vuide; car
sommes-nous sûrs que cette sorte cha-

K

leur n'ait pas écarté tout l'Air? Il y subſiſte ſans aucun aliment, auſſi long-tems que les raïons du Soleil tombent ſur le Miroir.

Il faut remarquer que plus la ma-tière dont ce Miroir eſt compoſé eſt froide, plus la force du Feu dans ſon foïer eſt violente. Par conſéquent plus ſa ſubſtance métallique eſt denſe, plus ſon effet eſt grand. La froideur du Miroir augmente conſidérable-ment ſon élaſticité, & par la même ſon efficace; mais dès qu'il commence à s'échauffer, ſon action devient de plus en plus foible, à meſure que ſa chaleur augmente. Voilà pourquoi il produit de beaucoup plus grands ef-fets en Hyver, dans un tems ſerein & froid, que dans un beau jour d'Eté. Nous ſavons par ce qui a été dit ci-devant que la cohéſion des Elémens de quelque corps que ce ſoit, eſt con-tinuellement affoiblie par le Feu, & cela proportionnellement à ſon dégré de chaleur; il rend plus grands les pores qui ſont entre ces Elémens, il diminue par conſéquent le pouvoir qu'ils ont de ſe contracter, & par là-même leur élaſticité qui en eſt une ſuite. Cela fournit matière à de bien plus grandes recherches ; mais il m'eſt impoſſible pour le préſent de tout expliquer. Je dois pourtant encore avertir à cette occaſion, que ce Miroir ayant été oppoſé directement à la Lune lorſqu'elle étoit dans ſon plein, & cela dans une belle nuit d'Hyver, on n'a pas remarqué qu'un Thermomètre très ſenſible, placé au centre de ſon foïer, ait donné le moindre ſigne de chaleur ou de froid ; il y eſt reſté parfaitement immobile, quoique cependant la lumière fut ſi vive, qu'il étoit impoſſible d'en ſoûtenir l'éclat. Cela eſt d'autant plus ſurprenant que la Lune reçoit directement du Soleil les rayons qu'elle refléchit juſqu'à nous, & que des Expériences réïterées nous ont appris que l'image du Soleil étant reçue ſur un Miroir de verre plan, & refléchie de-là directement ſur le Miroir de Villette, produit dans ſon foïer un Feu très-ardent, & preſque auſſi violent que ſi les raïons du Soleil étoient tombés directement ſur ce dernier Miroir. L'on voit donc encore ici la différence qu'il y a entre la lumière &

K ij

la chaleur ; différence dont j'ai déjà parlé ci-devant. Voilà les principaux effets phyfiques de ce ce Miroir, quant au but qne j'ai à préfent en vue ; j'ai tiré exactement ce que j'en ai dit de la relation qu'en a donné l'Auteur lui-même d'après fes propres obfervations : bientôt j'en ferai ufage dans mes recherches fur la nature du Feu.

éfaut de ce Miroir.

Il y a ce feul inconvénient dans cet excellent Miroir, c'eft que, pour qu'il reçoive le plus de rayons qu'il eft poffible, il faut qu'il foit oppofé au Soleil lorfque cet Aftre approche du Méridien, de façon que fon axe & celui du difque folaire faffent une même ligne droite, & il eft néceffaire que les Corps qu'on veut éprouver dans fon foïer foient placés dans cette même ligne ; par conféquent on ne peut pas les empêcher de tomber auffi-tôt qu'ils font fondus : cela fait qu'ils échappent à l'action du Feu, & qu'on ne peut pas pouffer leur examen au de-là de la fufion, ce qui feroit cependant très-néceffaire, comme il eft aifé de le comprendre. Mais

Ses avanta-ges.

cet inconvénient eft compenfé en

quelque façon, en ce que la surface extérieure & polie du Métal produit ici toute la reflexion ; ce qui eſt cauſe que les rayons ſont peu diſſipés où changés ; au lieu que les Miroirs de verre, qui refléchiſſent les rayons par le moyen du Mercure, dont leur ſuperficie convexe eſt incruſtée, les diſſipent conſidérablement par la multitude des images, qui ſont une ſuite de la poſition des particules tranſparentes du verre. Quant à l'autre manière d'exciter du Feu par le moyen de la réfraction faite avec des verres convexes, elle eſt beaucoup moins efficace ; parce que ces verres refléchiſſent de tout côté une incroiable quantité de rayons, & qu'il y en a pluſieurs encore qui ſont ſuffoqués & éteints en les traverſant obliquement.

COROLLAIRE I.

Il ſuit manifeſtement, je penſe, de ce qui vient d'être dit, que les Corps céleſtes, tant les Planètes que les Etoiles fixes, ne produiſent aucun changement, qui nous ſoit ſenſible,

Le Soleil eſt le ſeul Corps céleſte, qui augmentent le Feu, ſoit en le déterminant au paralléliſme, ſoit par la reflexion.

K iij

dans notre feu, quant au chaud ou au
froid. Car mettons à part le Soleil,
dont nous avons déja rapporté les
effets, la Lune est la seule qui soit ici
de quelque conséquence; & cependant son image reçue sur un miroir,
& refléchie en un foïer très-petit, ne
produit pas même dans l'Air le moindre signe de dilatation ou de contraction. Que fera donc la Lumière qui
part des autres Planètes? rien du
tout. La Lumière des Etoiles fixes
ne change non plus rien ici. Si donc
ces Corps influent sur la chaleur & le
froid de la Terre & de son Atmosphère, ce que je n'oserois pas nier,
ils doivent agir autremeut que par la
seule vibration de leurs rayons lumineux. Et les Astrologues n'avance-
ront rien ici en m'alleguant les divers
aspects, les différentes conjonctions
des Astres, & les constellations; car
l'expérience nous démontre clairement que toutes ces causes ne changent rien dans le cas dont il s'agit ici.
Il m'est donc permis de dire que toute
la chaleur qui nous vient par l'influence des Corps célestes lumineux
est due au Soleil seul, & que jusqu'à

préſent nous ne voyons pas qu'aucun des autres contribue à l'augmenter.

COROLLAIRE 2.

Si une fois nous avons bien compris cela, nous aurons de la peine à concevoir clairement que les aſtres produiſent des changemens conſiderables dans les corps ; car tous les changemens, qui nous ſont connus, ſont accompagnés de chaleur ou de froid, ſoit qu'ils excitent quelque nouveau mouvement, ſoit qu'ils ne faſſent que cauſer quelqu'altération dans celui qui exiſtoit déja. Il faut donc que ces influences par leſquelles on prétend que les aſtres agiſſent ici-bas, dépendent des cauſes différentes du Feu: par conſéquent il ne paroît pas que ces changemens doivent être attribués directement à quelque communication ou altération de Feu. Et effectivement, juſques ici aucune expérience ne nous porte à croire que les Corps ſi fort élevés au-deſſus de nous, ayent quelqu'influence ſur notre terre, excepté celle qui réſulte de la gravité; cauſe bien

K iiij

différente du Feu & de la lumiere, & qui n'en dépend même en aucune façon. Or que cette influence ne puiſſe être changée par les différens aſpects des aſtres, & que par une ſuite de leurs divers dégrés d'attraction ou de répulſion, elle ne ſoit en état d'opérer pluſieurs changemens ſur les Corps, c'eſt ce qu'on ne ſauroit nier; mais en même tems, on doit avouer que, cette gravité exceptée, on ne voit pas que les Corps céleſtes agiſſent ici bas par quelqu'autre pouvoir.

COROLLAIRE 3.

Météores ſur- prenans pro- duits par la reflexion de la lumiere.

Après ce qui vient d'être dit, les expériences nous autoriſent à prononcer ſur pluſieurs Phénoménes phyſiques produits dans l'air, qui troublent quelquefois très-fort nos opérations chymiques, & qu'on peut aiſément expliquer à l'aide de ce qui précède. Le fameux HALLEY a démontré qu'il y a perpétuellement une quantité incroyable d'eau qui s'élève en l'air; dans un tems ſerein elle monte très-haut, c'eſt ce que la tranſ-

parence, & l'augmentation du poids
de l'Atmofphère prouvent : & fi ces
Elémens viennent à fe joindre les uns
aux autres dans ces lieux élevés, il
eft aufli certain qu'elle s'y convertit
en glace.

Or qu'eft-ce qui empêche que ces
particules glacées ne fe joignent entr'elles, & que raffemblées infenfiblement jufqu'à compofer de grands
globes, elles ne paróiffent fous la
forme de nuées? Pourquoi une infinité de caufes ne pourroient-elles
pas changer continuellement leurs figures, les rendre tantôt plattes, tantôt fphériques, ou leur faire prendre
quelqu'autre forme? Suppofons que
cela arrive ; les rayons du Soleil dif-
tribués dans l'air tombent fur ces particules, ils en font refléchis comme
par autant de miroirs, & voilà de-
quoi produire plufieurs apparitions
de lumiere aufli fubites que fingulie-
res ; mais aufli ces particules peuvent changer encore de fituation, &
être difpofées de façon qu'elles fuffo-
queront & éteindront les rayons de
lumiere, & cauferont ainfi tout d'un
coup d'épaiffes ténèbres. Toutes les

K v

fois qu'on voit dans le Ciel des nuées blanches, éclairées par le Soleil ou par la Lune, presque toujours peu de tems aprés il tombe de la pluie ou de la grêle. Nous remarquons même au milieu de l'Eté, après une longue sécheresse, & un tems serein, qu'il se forme dans l'air des nuées fort hautes, blanches & petites dans les commencemens, mais qui grossissent continuellement & vîte, ce qui leur fait perdre de leur blancheur : peu de tems après elles se resserrent & descendent vers la terre sous une forme piramidale, alors elles produisent une ombre parfaite, & ensuite elles se résolvent avec violence en une pluie qui tombe par grosses goûtes, ce qui prouve que cette pluie a premierement été grêle, dans une région de l'air plus élevée & plus froide ; mais qu'elle se dégèle subitement en passant dans des endroits plus bas & plus chauds. Si ces grêlons sont trop grands pour pouvoir se fondre sitôt, ils tombent sur la terre en conservant encore leur forme solide, & sous l'une ou l'autre de ces formes ils réfroidissent tout d'un coup con-

fidérablement l'air inférieur par lequel ils paffent. Ces caufes, quoique
fimples, fuffifent ce me femble pour
expliquer ces divers phénomènes;
car plus ces particules d'eau font élevées, plus elles doivent fe glacer; &
plus elles tombent de haut, plus auffi elles defcendent avec violence, leur
mouvement s'accélerant continuellement fuivant la proportion démontrée par Galilée. On peut rendre raifon par là d'une chofe qui arrive affez fouvent en Afie; je veux parler
de ces nuées qui paroiffent dans un
tems ferein, & qu'à caufe de leur
petiteffe on compare à un œil de
bœuf; elles defcendent & tombent
fur la terre avec une prodigieufe impétuofité, elles ébranlent fortement
l'air condenfé qu'elles rencontrent,
elles produifent des tourbillons &
des vents, & elles excitent fouvent
des tempêtes, qui partant comme d'un
centre, fe font fentir à la ronde dans
chaque point de l'horifon; à mefure
que ces nuées s'approchent, leur
grandeur apparente augmente en raifon réciproque des quarrés de leur
diftance. Faut-il donc toujours at-

K vj

tribuer la blancheur éclatante des nuées à la nège, ou à la glace qui s'y est formée & qui y reste suspendue? Ce qu'il y a de vrai, c'est que l'eau éclairée du Soleil ne paroît jamais blanche, à moins qu'elle ne soit convertie en écume, en nège, en glace, ou qu'elle ne renvoie fort obliquement à l'œil les rayons qui tombent obliquement sur elle. Concevons encore que cette eau congelée soit rassemblée par le vent & réunie en une masse, qui refléchisse les rayons solaires par cette partie de sa surface qui est exposée au Soleil ; & que par là l'air qui est entre la surface de cette nuée & le Soleil, s'échauffe, se meuve, se raréfie, pendant que de l'autre côté de la nuée l'action de la lumiere & de la chaleur varie continuellement ; concevons de plus, que cette nuée soit un grand globe, assez solide & opaque, & que par conséquent le froid soit beaucoup plus grand & l'air beaucoup plus condensé, du côté qui n'est pas éclairé par le Soleil. Ces causes devront produire un mouvement de rotation dans ce globe ; mouvement qui fera d'autant plus rapide, que la chaleur du Soleil sera plus forte que la densité de ce globe de glace sera plus grande, que le froid de l'autre côté sera plus vif, & que ce globe tombera d'un air plus léger & plus élevé dans un air inférieur qui devient insensiblement plus dense, & qui résiste avec plus de force.

Je suis persuadé, que si l'on veut prendre la peine de peser tout cela avec attention, on ne sera plus surpris de ces terribles tempêtes qui arrivent souvent après que le tems a été longtems serein; surtout, si l'on se rappelle quel frottement, quelle chaleur, & même souvent quel Feu doivent exciter tout d'un coup des Corps, qui tombent de haut dans un Air inferieur & plus pésant. Ces considérations nous aideront aussi à expliquer cette chaleur insupportable qui s'éléve subitement dans certaines parties de la Terre, & qui se termine bientôt en orage. Nous avons pû remarquer, que cela arrive toujours quand le Ciel est parsémé de nuées séparées les unes des autres; car si quelques unes de ces nuées, qui ne sont qu'un assemblage de floccons de

nége, ou de glaçons, se trouvent disposées dans l'Astmosphére de façon
qu'elles forment divers miroirs reflé-
chissans, qui réunissent les rayons
dans un même endroit, ce qui peut
se faire & se fait en effet très-sou-
vent ; que doit-il en arriver, sur-
tout si ce sont de grandes nuées ? Il
naîtra dans cet endroit une chaleur
incroyable, l'air s'y dilatera extrêmement, jusques-là même qu'il pourra quelquefois s'y produire un très-
grand vuide. L'air qui en a été chassé, & les nuées seront agitées rapidement & avec bruit autour de cet espace, où il n'y aura que du Feu ;
il s'y formera des tourbillons ; & un
moment après, ce foyer venant à
être détruit par le changement qui
arrive dans la situation des nuées,
l'air, la neige, la grèle, l'eau,& tout
ce qui est dans le voisinage, se pré-
cipitera avec impétuosité dans ce vuide. Aussi suis-je fort porté à croire
que la lumiere refléchie par des nuées
de glace, & rassemblée en de grands
foyers, est la principale cause de plusieurs terribles phénomènes qui se
manifestent souvent avec tant de

violence, que ce n'eſt pas ſans raiſon
que les hommes en ſont conſternés,
& craignent d'en être détruits. Un
ſavant Anglois a démontré fort ſub-
tilement avec quelle force notre air
commun, peſant & élaſtique, ſe pré-
cipite dans le vuide parfait de Torricelli : il a prouvé qu'elle ſeroit ſi
grande, que la vîteſſe du vent le plus
rapide, qui parcourt 22 ou 23 pieds
dans une ſeconde, ne mériteroit pas
de lui être comparée ; puiſque cet air
parcourroit dans le même eſpace de
tems 1305 pieds. *Tranſ. Phil.* 1686.
n. 184. p. 193. Or conſidérez quelle
quantité il peut y avoir de ces miroirs
nébuleux dans l'air ; quelle peut être
leur grandeur, leur ſolidité, leur diſ-
poſition ! Vous comprendrez aiſément qu'ils ſeront ſouvent en état de
produire des effets prodigieux, par
le Feu qu'ils raſſembleront dans certains eſpaces, & vous ne ſerez plus
embarraſſés à quelle cauſe attribuer
les éclairs, les foudres, les tourbillons, les tempêtes, les tonnerres,
les vents & les autres Météores. Peut-
être même trouverez-vous ici la raiſon pourquoi ces phénomènes ont

rarement lieu, dans un tems fort chaud, si le Ciel est serein & sans nuages, lorsqu'au contraire on voit des changemens si étonnans d'abord après qu'il s'est produit des nuées.

COROLLAIRE 4.

Surtout lors qu'il dégéle. Ces Météores ne sont jamais plus fréquens ni plus violens qu'après qu'une forte gelée a duré long-tems, & qu'elle a durci la Terre assez profondément. Si alors le dégel vient subitement, il est ordinairement suivi de près par des Nuées, par une Chaleur extraordinaire, par des Eclairs, & des Tonnerres. Car toutes les vapeurs & les exhalaisons grasses, que la Chaleur souterraine met en mouvement, se sont trouvées renfermées sous cette croute dure de la Terre ; cela se voit au plus fort de l'Hyver; quand on coupe la glace des fossés, il s'en exhale d'abord des vapeurs, qui sont plus abondantes & plus chaudes à proportion que la gelée a été plus forte, & la glace plus épaisse. Sitôt donc que la surface de la Terre vient à se dégeler, ces

vapeurs qui ont été retenues , fortent
en quantité par les ouvertures qui fe
préfentent , & s'élevant dans l'Air
forment des globes nébuleux , qui
éclairés par le Soleil , produifent
tout d'un coup ces Phénomènes dont
ont vient de parler. Voilà la raifon
pourquoi en Ruffie , en Suéde , en
Danemarc , on entend de terribles
Tonnerres d'abord après le dégel.
Ajoutez à cela , que les Corpufcules ,
que le Froid a rendu folides , excitent
encore un très - grand mouvement
d'attrition.

C O R O L L A I R E 5.

Confiderons de plus que les rayons
du Soleil, refléchis par quelque partie de la Terre , par des batimens ,
ou par des montagnes, peuvent exciter divers dégrés de Chaleur dans des
endroits, qui font d'ailleurs dans la
même expofition à l'égard du Soleil. Car on conçoit aifément que ,
foit par un effet du hazard , ou du
deftin , cette reflexion peut-être telle qu'elle produira une grande diver-
fité dans la Chaleur. Ajoûtons à cela

que la difference des Couleurs, des Corps refléchiſſans, peut encore augmenter beaucoup la force de cette Chaleur, comme nous l'avons fait voir ci-devant. Remarquons enfin que dans les diverſes ſaiſons de l'année, la direction ſuivant laquelle les rayons ſolaires tombent ſur ces Corps, change continuellement, & que par conſéquent leur reflexion & la chaleur de leur Foyer augmentent, diminuent,& changent inceſſamment. Sachant, cela nous comprendrons facilement pourquoi il arrive ſouvent que les mêmes endroits, dans certains tems du jour ou de l'annee,différent ſi fort en Chaleur, en Cōuleur, en Lumiére; & comment il peut ſe faire que le Soleil ſoit quelquefois fort chaud le matin dans un endroit, tandis que dans d'autres ſa plus grande Chaleur ſe fait ſentir ſur le ſoir. Pour expliquer la choſe il n'y a qu'à avoir recours aux trois cauſes dont je viens de parler, & les examiner en les appliquant aux lieux dont il s'agit, nous trouverons, & c'eſt ce qui nous importe proprement ici, que la ſeule refléxion & la collection ou la diſ-

perſion des rayons qui en eſt une
ſuite, ſuffit pour y produire plus ou
moins de Feu. On croit communément que dans des endroits fort élevés & unis, toutes les autres choſes
ſuppoſées égales, la Chaleur eſt plus
grande qu'ailleurs; cependant ont
obſervé toujours le contraire : car
dans un tems ſerein, ſec & chaud ,
promenez-vous dans une plaine ouverte de tout côté, vous y reſpire-
rez un air rafraîchiſſant & temperé,
au lieu que vous éprouverez une très-
grande Chaleur, ſi vous allez dans
une Vallée. De-là vient que les Che-
vaux, & en général tous les beſtiaux,
ſe trouvent bien dans des bruiéres
unies, qu'ils ſe donnent beaucoup de
mouvement, qu'ils y courent ſans
ſe fatiguer & ſans aucune difficulté
de reſpiration , pendant que dans le
même tems ils languiſſent de Chaleur
dans d'autres endroits. La raiſon de
cela, eſt, que dans ces plaines on ne
ſent aucune autre Chaleur que celle
qui eſt cauſée par les rayons qui viennent en droite ligne du Soleil, ou
par ceux qui ſont refléchis par les

Nuées. Or toutes ces obfervations contribuent beaucoup à nous donner une jufte idée du Feu , qu'autrement on s'imagine fauffement être attaché à certains lieux; pour expliquer comment cela peut être , on imagine des raifons fingulières, & fort éloignées du vrai ; au lieu que fi l'on examine la chofe comme il faut, on découvre toujours que le Feu , confideré en lui-même , eft également diftribué par tout.

C O R O L L A I R E 6.

Conclufion concernant les Météores. Avant que de paffer à un autre fujet, qu'il me foit permis d'ajoûter ici un mot ; c'eft que les Météores Aëriens , & la Chaleur de diverfes parties de la Terre qui font habitées, auffi bien que les effets qui en réfultent , doivent principalement leur origine , leurs dégrés , leurs viciffitudes & leur éfficace, aux diverfes refléxions des rayons parallèles du Soleil.

C o r o l l a i r e 7.

Ce feroit une découverte bien fubtile, & en même-tems d'une très-
grande utilité, fi l'induftrie & la pénétration humaine pouvoit parvenir
à déterminer la véritable proportion
qu'il y a entre la quantité de Lumiére, qui tombe d'un efpace donné
fur un Corps refléchiffant, & la
quantité de cette même Lumiére,
qui fe trouve réunie après la refléxion dans ce qu'on appelle le Foïer.
Suppofons, par exemple, que la Lumiére contenue dans un efpace circulaire de deux pieds de diamétre,
vienne à tomber fur un Miroir fphérique concave, & qu'étant refléchie
elle fe réuniffe dans un Foïer, auffi
circulaire d'un pouce de diamétre ;
dans ce cas, on peut très-aifément,
par le fecours de la Géométrie, comparer les grandeurs de l'Aire de ce
cercle lumineux, & de ce Foïer où fe
réuniffent les rayons, puifqu'elles
font entr'elles en raifon doublée de
leurs diamètres. De là les Mathéma-
ticiens ont conclu d'abord, que c'eft

Il eſt difficile de déterminer la proportion du Feu raſſemblé dans un Foïer.

là la proportion qu'il y a entre la Lumiére incidente & celle qui est refléchie. Mais ceux qui ont consideré physiquement la chose en elle-même, ont trouvé de beaucoup plus grandes difficultés à résoudre ce Problème, qui paroît si simple au premier coup d'œil.

Car premierement peut-on déterminer quelle est la proportion des vuides ou des pores qui se trouvent dans la superficie concave du Miroir, à la partie solide de ce même Miroir qui est la cause de la refléxion ? La matière qu'on a employé jusqu'à présent pour faire des Miroirs, est beaucoup plus légére que le Fer, & par conséquent plus poreuse que l'Or, dont cependant on n'a jamais pu déterminer la véritable solidité par rapport à sa masse. Cela nous prouve qu'il est impossible de rien établir de juste à l'égard de cette premiere circonstance, ce qui seroit cependant absolument nécessaire pour la solution du Problème dont il s'agit. Peut-être que dans toute la masse de ce Corps il n'y a que la millioniéme partie qui soit véritablement solide,

& que tout le reste n'est que vuide ou que pores. Nous comprenons par-là qu'une très grande quantité de cette Lumiere incidente doit se perdre.

Mais supposons, ce qui n'est nullement vrai, que nous ayons quelque Corps parfaitement solide, comment déterminer la figure du Miroir? Dira-t'on qu'il est sphérique? Comment le sait-on? S'il étoit parfaitement tel, sa cavité paroîtroit tout-à-fait noire, excepté a une œil placé dans le Foïer, ou dans le cone lumineux qui s'étend du Miroir jusqu'au Foïer, ou dans l'espace qu'occupent certains rayons colorés divergens, qui s'écartent tant soit peu des autres, comme l'a démontré le grand N e w t o n. Mais on remarque le contraire; car on en voit le fond dans quelque position oblique que ce soit. Si quelqu'un se flatoit de pouvoir polir les Métaux à ce point, il n'auroit qu'à examiner avec un bon microscope la superficie concave des miroirs que l'on regarde comme les mieux polis; il verroit que cette superficie qui passe pour si unie, est raboteuse, inégale, poreuse & hérif-

fée ; il feroit obligé d'avouer qu'elle
eſt très-peu uniforme ; & qu'au contraire ſa figure eſt preſque par tout
très irréguliere. Le moyen donc de
conclure, à l'aide d'une figure donnée,
quelle eſt la quantité de la lumiere refléchie !

En troiſiéme lieu, parce qu'on ne connoît pas l'homogenéité de la matiere.

Mais ſuppoſons de plus qu'on ait
ſurmonté heureuſement toutes ces difficultés ; il en reſte encore une, &
qui n'eſt pas moins conſidérable que
les précédentes : c'eſt qu'on devroit
ſavoir au juſte, ſi dans chaque point
d'un miroir ardent, il y a une matiere homogène, qui refléchiſſe par-
tout la lumiere préciſément avec la
même force & la même égalité ? Car
comme NEWTON a prouvé qu'il y
avoit à cet égard une très-grande diverſité dans les différens Corps, il
eſt clair que nous devons avoir quelque choſe de certain là-deſſus, avant
que nous puiſſions rien déterminer
ſur la queſtion dont il s'agit. Il peut
ſe faire qu'il ſe ſoit mêlé dans la ſubſtance du miroir quelque matiere qui
nous eſt inconnue juſqu'à préſent,
mais qui n'a peut-être pas la force
de rien refléchir, & qui par conſéquent

quent éteint plus ou moins la lumiere qu'elle reçoit, à proportion qu'elle se trouve répandue en plus ou
moins grande quantité dans la surface du miroir.

Suppofons encore que malgré ces
trois difficultés on pût démontrer fûrement quelle est la quantité du Feu
dans le foïer, par rapport à celle du
Feu parallèle qui est tombé fur le
miroir : la démonftration fe borne-
roit là; & elle ne fuffiroit pas pour
déterminer au jufte quelle est la proportion de la force du Feu réuni dans
le foïer, à celle de ce même Feu
lorfqu'il est pouffé & dirigé par le
Soleil dans ce cercle, qui mefure
l'ouverture du miroir. La raifon de
cela est, qu'il faut néceffairement
favoir auparavant, fi la force du Feu
est proportionelle au nombre de fes
particules contenues dans l'efpace où
il agit; & par conféquent s'il est vrai
que là où il y a une double quantité
de Feu, là auffi la force avec laquelle il agit fur les Corps est double?
Quoiqu'on regarde communément
cela comme démontré, cependant on
a tout lieu d'en douter : s'il est cer-

L

tain qu'une plus grande quantité de Feu réunie dans un plus petit efpace produit un plus grand effet, il refte cependant indécis fi fa force actuelle n'eft augmentée par aucune autre caufe que par fa quantité. Veut-on favoir les raifons que j'ai de penfer ainfi ? En voici quelques-unes.

C'eft ce qui fe remarque dans d'autres Corps.

L'Expérience nous prouve claire-ment qu'il y a des Corps, qui fépa-rés ne produifent aucun effet ; mais qui, dès qu'ils s'approchent les uns des autres à une diftance déterminée, produifent auffi tôt des mouvemens nouveaux, qui auparavant n'exif-toient point, & qui deviennent tou-jours plus grands à chaque inftant, à mefure que ces Corps s'approchent davantage : mais dès qu'ils s'éloi-gnent affez l'un de l'autre, pour que la diftance qu'il y a entr'eux faffe évanouir cette vertu réciproque, ce mouvement ceffe d'abord. Cela fe voit dans deux Aimans. Que l'un foit en repos dans un endroit, il y reftera toujours ; mais prenez l'autre, & vous verrez qu'en l'approchant peu à peu de ce premier, vous par-viendrez à le placer dans un point d'où il agitera cet aiman qui est en repos ; & plus vous l'approcherez ; plus le mouvement qui s'excitera dans tous les deux sera sensible ; la force qui le produit s'accroîtra de plus en plus, à mesure que leur distance diminuera, & cela dans une proportion qui jusques ici n'a pu être déterminée : cependant N E W T O N, pour de fortes raisons, soupçonnoit qu'elle étoit à peu près en raison inverse triplée des distances.

Monsieur M U S C H E N B R O E K, célèbre Professeur dans l'Académie d'Utrecht *, a travaillé avec beaucoup d'application & d'industrie à la déterminer, & cela avec un succès qui ne doit pas lui faire regretter le tems qu'il y a employé. Concevez plusieurs aimans, tous également forts, suspendus à une superficie sphérique, & précisément à ce point d'éloignement où ils commencent à exercer leur attraction les uns sur les autres ; concevez que de ce point ils s'avancent très-lentement vers le centre de la sphere, en s'approchant de plus en plus. Tous ces aimans,

* Il est à présent Professeur à Leide.

en quelque nombre qu'ils foient, feront d'abord mus d'une façon tout-
à-fait furprenante. Suppofez à préfent qu'ils reftent tous tranquilles à
une certaine diftance, & qu'on place un autre aiman au centre de la
fphere autour de laquelle ils font ; au
même inftant tous ces aimans feront
mis en mouvement en même tems ;
il n'y en aura pas un feul qui conferve la fituation qu'il avoit un moment auparavant, lorfque tous étoient
dans un parfait repos. Quand ils
s'approcheroient du centre , à mefure que leur éloignement diminue-
roit, leur mouvement deviendroit
toujours plus fingulier ; il augmenteroit, & à chaque moment il feroit
différent de ce qu'il étoit auparavant,
parce qu'à mefure qu'ils changeroient
de place , leurs poles d'attraction ou
de répulfion agiroient différemment.
On pourroit démontrer la même chofe dans l'air & dans plufieurs autres
Corps ; mais ce feul exemple fuffit.
Or fi la même vertu, ou peut-être
une plus grande, fe trouve dans les
élémens du Feu ; il pourra arriver
que par leur réunion cette vertu s'ac-

croîtra prodigieuſement, tandis qu'elle ne ſera pas ſenſible dans ces mêmes
élémens ſéparés ; & que par conſéquent, le Feu dans un foïer ſera in-
comparablement plus violent, à cauſe de la proximité de ſes parties réu-
nies, qu'à cauſe de leur quantité : & *Et dans le
Feu même.*
ce n'eſt pas là une ſimple ſuppoſition,
c'eſt une vérité prouvée depuis long-
tems par une obſervation très-ſure. Si
vous avez un thermomètre, qui,
placé en Hyver dans un endroit découvert, ſoit à 20 dégrés, & qu'en
même tems vous réuniſſiez par le miroir de Villette les rayons ſolaires en
un foïer capable de vitrifier en un inſtant un caillou, que penſez-vous qu'il
arrivera ſi vous placez ce Thermomètre dans l'axe de ce miroir à 5 pouces
du foïer ? L'expérience nous apprend
qu'il indiquera à peine une chaleur
de 190 dégrés. Cela ne fait-il pas
voir clairement, qu'une ſi grande différence ne ſauroit être cauſée par la
ſeul condenſation, mais que la proximité des parties doit produire en
elles une agitation nouvelle : & comme nous avons vu ci - devant que le
Feu a la propriété de ſe dilater lui-

L iij

même, aussi-bien que tous les Corps sur lesquels il agit; il peut se faire que cette propriété du Feu, & peut-être aussi le pouvoir qu'il a de brûler, augmentent si prodigieusement en un moment, par sa réunion.

Enfin parce qu'on ne connoît pas l'efficace de la courbure dans les differentes parties du miroir.

Enfin nous ne sommes pas encore bien certains, si la force, avec laquelle les parties du miroir reflechissent les rayons de Feu, est aussi grande autour de l'axe, qui est parallèle aux rayons incidens, qu'elle l'est dans les parties qui en font plus éloignées. Par conséquent, jusqu'à ce que cela soit bien constaté, nous pouvons douter avec raison, si tous les rayons reflechis par chaque point du miroir, & réunis dans le foïer, s'y rencontrent avec une égale force; & si par conséquent nous sommes fondés à avancer que la force du Feu, est proportionnelle au nombre des rayons réunis.

COROLLAIRE 8.

Méthode de déterminer ce Feu.

Je me suis donné beaucoup de peine, pour découvrir une méthode par laquelle on pût déterminer quelque chofe de certain là-deffus: & enfin j'ai remarqué que fi l'on couvre quel-quelque partie d'un miroir avec un Corps noir, les rayons refléchis par les autres parties qui font à décou-vert, ne laiffent pas que de fe raffem-bler précifément dans le même foïer, fans s'en écarter aucunement, quelle que foit la partie du miroir qui les re-fléchit, & quelle que foit celle qui eft couverte. Si donc nous conce-vons que toute l'ouverture du mi-roir eft couverte par une plaque cir-culaire de cuivre, elle ne recevra point de rayons, & n'en refléchira par conféquent aucun. Or comme du centre nous pouvons divifer cette plaque circulaire en autant de parties égales que nous voulons; nous pou-vons auffi par le moyen de cette pla-ainfi divifée, admettre ou exclure telle quantité que nous trouverons à pro-pos de ces rayons qui tombent fur le miroir. Par conféquent nous pouvons déterminer à volonté la proportion des rayons admis, à celle des rayons exclus. Ainfi il nous fera aifé de raf-fembler dans le foyer la moitié, la troifiéme, la milliéme, ou telle autre

partie des rayons qu'on voudra ; &
comparant enſuite les dégrés de chaleur produits par ces différentes quan-
tés de Feu, nous pourrons découvrir ſi la force du Feu ainſi produit
eſt toujours proportionnelle au nombre des rayons raſſemblés, ou ſi elle ſuit quelqu'autre loi. Par cette méthode, nous pouvons donc diviſer
les rayons de lumiere qui tombent
ſur le miroir de Villette ſuivant une
raiſon quelconque, dans laquelle le
cercle ſoit géométriquement diviſi-
ble, & examiner enſuite par ce moyen
l'efficace de ces diverſes quantités de
Feu, en quelque proportion qu'elles
ſoient.

C O R O L L A I R E 9.

Pour déter-
miner enſuite
ſa force.

Si donc par des expériences réïté-
rées, l'on parvenoit à trouver l'ouverture que doit avoir cette plaque
circulaire, pour n'admettre qu'autant
de rayons qu'il en faut pour produire
dans le foïer le dégré de chaleur qui
fait boüillir l'eau : ſi enſuite on aug-
mentoit cette ouverture, juſqu'à découvrir une partie du miroir aſſez

grande pour exciter dans le foïer une
chaleur de 424 dégrés, on auroit une
chaleur double de la précédente,
au moins autant qu'on en peut juger
par le Thermomètre. Il feroit alors
aifé de découvrir la proportion de
cette dernière ouverture à la précédente : & en comparant entr'elles les
aires de ces ouvertures, & les différens dégrés de chaleur qui en réfultent, on trouveroit enfin jufqu'à quel
point la force de cette chaleur dépend de la quantité des rayons, & de
leur réunion dans un plus petit efpace. Par-là on éclairciroit beaucoup
l'hiftoire du Feu, & en même-tems on
fe convaincroit que fa force ne dépend pas feulement de la quantité des
rayons, mais qu'elle croît encore à
mefure qu'ils s'approchent davantage. C'eft au moins-là ce que nous
pouvons conclure du petit nombre
d'expériences qu'on a faites avec des
miroirs ardens de verre. Mais en voilà affez, fur ce Feu, qui eft le plus
violent qui foit connu jufqu'à préfent, & qui cependant eft produit
d'une façon fort fimple. Les feuls
rayons folaires, qui paffent par un

L v

cercle de trois pieds & sept pouces de diamètre, suffisent pour l'exciter au milieu de l'hyver: si ces mêmes rayons avoient continué leur route, sans rencontrer aucun obstacle, ils n'auroient produit qu'une petite chaleur dans l'air; & si en suivant toujours la même direction, ils étoient parvenus dans une Air plus subtil, cette chaleur seroit diminuée de plus en plus, jusqu'à ce qu'enfin elle seroit peut-être dégènerée en un froid, plus grand qu'aucun qu'on ait jamais connu. Par-là nous apprenons encore, quelle fausse idée l'on a communément sur la nature & l'action du Feu; puisqu'il est certain que ce qui met de la différence entre le plus grand Feu connu, & le froid le plus aigu, c'est uniquement l'action du Corps qui lui résiste. Cette considération seroit presque suffisante, pour en conclure ce que nous avons déja remarqué ci-devant, c'est que le Feu est également distribué dans les Corps & dans l'espace; & qu'il ne se manifeste point par son action, là où il ne rencontre aucun Corps qui lui résiste. Or comme on peut toujours augmenter l'ouverture de ces miroirs, dont il s'agit ici, on comprend aisément que la force du Feu peut être augmentée à l'infini.

COROLLAIRE 10.

Personne n'a jamais remarqué en aucun endroit un Feu plus violent que celui qui se rassemble dans le foïer du miroir de Villette ; celui qu'on peut exciter par le moyen des verres ardens de Tschirnhaus lui est fort inférieur. Par conséquent le plus grand effet du Feu, connu jusqu'à présent, est la réduction d'un Caillou en verre, qui s'opère en un moment au foïer de Villette. On a bien vû quelques fois la foudre fondre le Fer en un instant; mais je ne sache pas qu'on ait jamais remarqué qu'elle ait vitrifié les Cailloux ou les Métaux. Nous ne pouvons donc reflèchir sur la violence de ce Feu sans admiration & sans étonnement. Mais que sera-ce, si je dis que ce même effet, que cette même vitrification peut être produite en un moment dans un lieu & sur un Corps très froid, & cela

Effet prodigieux du Feu produit par le seul Frottement.

L vj

fans aucun rayon folaire, fans aucune lumiere, fans aucun foyer, fans
aucune matiere combuftible ; & que
par conféquent nous fommes en état
de produire le plus grand effet que
puiffe opérer le Feu, par-tout & en
tout tems, dans les lieux les plus té-
nébreux & dans les parties de l'efpace les plus froides ? Pour cela au milieu de la plus froide nuit d'Hyver,
prenons un caillou, frappons-le avec
un morceau d'acier bien trempé ; il
en fortira des étincelles qui répan-
dront une lumiere très-vive, & qui
produiront un fon aigu en fendant
l'air. Si nous faifons tomber fur du
papier blanc ces étincelles, nous dé-
couvrirons que ce font des petits
globules de verre, formés de parcel-
les fondues du caillou ou du fer, ou
de tous les deux enfemble, & qui
ont acquis cette figure ronde par
leur rotation dans l'air. Nous fommes donc certains que la violence
du Feu qui eft excité par ce frottement eft telle, que quoique ces corpufcules, détachés par le coup,
foient très-durs, elle les rend cependant fi parfaitement liquides, que

leur feule rotation dans l'air fuffit
pour les configurer en autant de petites fphéres, qui bien examinées,
paroiffent avoir tout-à-fait la nature
du verre. Or la vitrification des cailloux & des métaux eft prefque le
plus grand effet du Feu; par conféquent je crois avoir démontré qu'un
frottement d'un inftant, agit avec
autant de violence que les miroirs ardens les plus forts. Si l'on frottoit
un très-gros caillou contre un grand
morceau d'acier, quel Feu ne produi-
roit-on point? En voilà affez fur ce
fujet : j'ai fuffifamment expliqué cette autre méthode d'exciter très-
promptement le plus grand Feu connu, je veux dire la réunion des
rayons paralléles & refléchis en un
très-petit efpace.

E X P É R I E N C E XVI.

Si ces mêmes rayons folaires parallèles, tombent fur un verre parfaitement tranfparent, poli & fphérique, ils fe réuniffent en un foyer
qui brûle avec une très-grande violence.

Ce fait eſt déja connu depuis long-tems, mais principalement depuis les expériences qu'on a faites à Paris, dans le Jardin du Palais Royal, avec les verres de Tſcirnhaus qui ſont dans le cabinet du Duc d'Orléans, & qui ſont de tous les verres de cette eſpéce ceux qui ont produit le plus grand effet. Il eſt néceſſaire que nous rapportions ici la choſe hiſtoriquement, parce qu'elle peut contribuer beaucoup à nous faire connoître la nature du Feu. *Voyez Hiſt. de l'Acad. Royale des Sciences.* 1699. 90. 1700, 128. 1702. 34.

Un de ces verres de figure circulaire de quatre pieds de diamètre, & convexe des deux côtés, oppoſé directement au Soleil en Eté, & cela dans un jour ſérein, & après que l'air avoit été délivré de ſon humidité, par les pluies qui avoient précédé; un tel verre, dis-je, entre neuf heures du matin, & trois heures de l'après midi, a raſſemblé les rayons à la diſtance de douze pieds, en un un foyer d'un pouce & demi de diamètre, & qui eſt le même dont Tſchirnhaus s'eſt ſervi.

Si l'on expose à ce foyer quelque matiere combustible elle s'enflamme d'abord ; le plomb y est fondu en un instant ; & les briques y sont converties en verre, si on les y laisse long-tems. Si nous comparons ces effets, avec ceux du miroir de Villette que nous venons de rapporter, nous en pouvons déduire les Corollaires suivants.

C O R O L L A I R E I.

L'ouverture circulaire du miroir de Villette, a 43 pouces de diamètre ; par conséquent sa circonférence est de $\frac{246}{7}$ de pouces. Le diamètre de l'étendue circulaire du verre de Tschirnhaus est de 48 pouces ; sa circonférence est donc de $\frac{1056}{7}$; ainsi la quantité des rayons qui tombent sur le verre de Tschirnhaus est à la quantité des rayons qui tombent sur le miroir de Villette, comme 2304 à 1849. Cependant ce dernier miroir agit beaucoup plus promptement & plus violemment, que le verre de Tschirnhaus.

C O R O L L A I R E 2.

Il eſt clair par là que la réflexion
catoptrique des rayons, pouſſée au
plus haut point de perfection dont
l'art ſoit capable, conſerve mieux
leur force, que la réfraction dioptrique la plus parfaite qui ſoit connue.
Par conſéquent pluſieurs rayons ſe
perdent en paſſant par des Corps
tranſparens, qui les rendent conver-
gens.

C O R O L L A I R E 3.

Conſidérons de plus la grande différence qu'il y a entre les foyers des
miroirs & des verres ardens. L'aire
de l'ouverture circulaire du miroir
de Villette eſt de $\frac{40688}{28}$ de pouces
quarrés ; & ſon foïer eſt de $\frac{792}{28}$ de lignes quarrées.

L'aire du cercle qui termine la
lentille de Tſchirnhaus eſt de $\frac{50688}{28}$ de
pouces quarrés ; & ſon foyer de $\frac{2128}{28}$
de lignes quarrées. Par conſéquent
le foyer du miroir, eſt à celui du
verre, comme 1 eſt à 9 ; ce qui prou-

ve encore que la réflexion eſt beaucoup plus efficace pour produire du
Feu, que la réfraction. On pourra
donc toujours produire un plus grand
Feu, par le moyen des miroirs opaques que par celui des verres ardens,
parce que ceux-ci feront toujours
plus petits que les miroirs, puiſqu'u-
ne lentille dont le diamètre eſt de quatre pieds, eſt à-peu-près le dernier
terme où ayent pu arriver juſques ici
les Verriers, vû la conſtruction de
leurs fourneaux : au lieu que l'art de
faire des miroirs n'a peut-être pas encore été pouſſé à ſon plus haut dégré
de perfection ; quoique nous n'ayons
guères lieu d'eſpérer, qu'on le por-
tera plus loin. Ceux qui pourroient
y réuſſir ſont rebutés par le peu de
ſoin qu'on a d'encourager les arti-
ſans, qui juſques ici nous ont donné
des preuves de leur habilité à cet
égard : s'eſt-il trouvé un Prince qui
ait daigné récompenſer leur induſtrie, comme elle le méritoit, & qui
les ait excités par là à entreprendre
quelque choſe de plus conſidérable
encore ? Mais c'eſt-là le ſort malheu-

reux auquel les plus beaux arts ne font
que trop fouvent expofés.

Expérience XVII.

Le plus grand Feu dioptri-que.   L'Illuftre Tfchirnhaus ne s'en eft
pas tenu à ce que nous avons rap-
porté dans l'expérience précédente ;
il a penfé à rétrecir fon premi r foyer,
afin d'augmenter fa force. Dans ce
deffein il a employé une autre lentille
de verre qui étoit un fegment d'une
plus petite fphere. En l'oppofant directement & parallèlement à la premiere , il a fait tomber deffus les
rayons que celle-ci rendoit conver-
gens , & ainfi il les a réunis en un
efpace circulaire qui n'avoit que huit
lignes de diamètre. Par cette nouvelle réunion il les réduifit donc d'un
efpace de 81 lignes quarrées à un efpace qui n'en contenoit que 16 ;
mais en même tems il en perdit un
grand nombre par cette nouvelle
réfraction ; cependant ils ne laiffe-
rent pas que de brûler avec plus
de force qu'auparavant. Tfchirnhaus
content de cette nouvelle découver-

te ne pouffa pas plus loin fes expériences. J'ai donc expliqué auffi clairement qu'il m'a été poffible, les mé-
thodes les plus parfaites connues jufqu'à préfent d'exciter le Feu par le
moyen de la catoptrique & de dioptrique. Je crois cependant qu'il eft encore
à propos, que j'expofe ici aux Chymiftes les éfets furprenans qu'on a opérés
avec ces verres fur différens Corps,
afin qu'ils commencent à comprendre qu'on peut fe paffer de tout Feu
groffier pour exécuter ce qui a été
fait, & même plus encore, par le
moyen des plus ardentes fournaifes
dont on fe fert pour faire le verre,
ou pour éprouver & pour fondre les
métaux. Perfonne, j'efpere, ne trouvera mauvais que je copie ici ce qui
fe trouve fur ce fujet dans les Mémoires de l'Académie des Sciences :
on n'eft pas toujours à portée de con-
fulter ces livres ; & je fuis obligé de
parler ici expreffément de tout ce qui
a rapport au Feu. Voici donc les
principaux de ces effets.

1. Si l'on place dans le foyer de
ces verres des branches d'arbres encore vertes, ou des morceaux de

bois qui ayent été macérés dans l'eau, ils s'allument en un inftant, & fe confument en flamme, en fumée & en cendres.

2. L'eau contenue dans un petit vafe, bout au même moment qu'elle eft expofée à ce foyer. Il feroit à fouhaiter qu'on en eût examiné le dégré de chaleur avec un Thermomètre de Fahrenheit fait de Mercure; on auroit pu découvrir par-là, fi la force du Feu réuni en cet endroit, eft capable d'échauffer l'eau plus que ne le fait tout autre Feu, qui ne lui communique jamais qu'un même dégré de chaleur.

3. Des plaques minces de métal, ne fe fondent pas d'abord qu'elles font pofées dans ce foyer, mais infenfiblement, après qu'elles ont acquis le dégré de chaleur requis pour leur fufion. Si elles font trop épaiffes pour que la force du foyer puiffe les pénétrer aifément, elles ne fe fondent pas avec la même facilité.

4. Les briques cuites, ou féchées au Soleil, le talc même & les autres Corps de cette efpèce, rougiffent en un moment, & fe vitrifient peu de tems après.

5. Le fouffre, la poix, la réfine
fe fondent fous l'eau.

6. Un morceau de bois très-ten-
dre, expofé en Eté fous l'eau à ce
foyer, femble refter entier, fi on ne le
confidere qu'extérieurement ; mais fi
on le rompt, on le trouve au dedans
brûlé en charbon. Ce fait, qui eft
certainement très-fingulier, prouve
felon moi affez clairement que ce
Feu, quelque fort qu'il foit, ne peut
communiquer à l'eau qu'un certain
dégré de chaleur ; dégré qui étant inférieur à celui qui eft requis pour que
le bois s'enflamme, empêche par là
même que la chaleur de ce foyer qui
pénètre dans l'eau, ne brûle la partie du bois fur laquelle cette même
eau s'applique immédiatement.

7. Si la matiere qu'on veut expofer au Soleil, eft placée fur un Corps
bien noir, le foyer agit fur elle avec
une force beaucoup plus grande.

8. Si l'on met les métaux, ou les
autres Corps qu'on doit éprouver
par ce Feu, fur un charbon fait avec
du bois verd, & qui n'a pas été bien
féché, ils fe fondent en un clin d'œil,
ils jettent des étincelles, & ils s'en-

volent. Le plomb & l'étaim se fondent, fument, se calcinent, se vitrifient & s'exhalent très - promptement.

9. Les cendres de toutes sortes de
végétaux se vitrifient très-vîte.

10. Si quelques matieres ne vou-
loient pas se fondre étant en morceaux, il faudroit les exposer en
poudre; & si même en poudre elles
ne se fondoient pas, il faudroit leur
ajouter quelque Sel, & alors tout se
fondra.

11. Tous les Corps noirs, & qui
conservent leur noirceur dans la fonte, sont le plus tôt altérés par ce Feu.
Ceux qui sont blancs quand on les y
met, & qui s'y noircissent ensuite, se
changent plus difficilement & plus
lentement. Les Corps qui sont noirs
quand on les pose dans ce foyer, &
qui y deviennent blancs, se changent
avec beaucoup plus de difficulté encore, sur-tout s'ils blanchissent après
leur fusion. Quant à ceux qui y restent tout-à-fait blancs, ce sont ceux
de tous les Corps qui sont le moins
changés; tels sont la chaux, la craie
d'Angleterre, les cailloux.

12. Tous les métaux se vitrifient sur une plaque de porcelaine dont la surface n'est point convertie en ver-re, pourvu qu'on lui donne le Feu par dégrès pour ne pas se fondre elle-même.

13. Si l'on met la matiere qu'on se propose d'examiner par ce Feu, dans un grand ballon de verre, & si l'on a soin que l'endroit du ballon, qui donne passage aux rayons du Soleil, ne soit pas si près du foyer que sa chaleur fasse casser le ballon ; les changemens que subit cette matiere produisent au dedans de ce ballon des phénomènes tout-à-fait surpre-nans.

14. Le Nitre renfermé dans un tel ballon, & exposé à ce Feu, se volatilise tout en un instant, & se change entierement en esprit de ni-tre : effet qui paroît d'autant plus surprenant, que le nitre fondu à tout autre Feu, ne subit presque aucun changement, & coule comme de l'eau : pour que la force du Feu or-dinaire puisse le convertir en esprit, il faut toujours le mêler avec quel-que terre, ou lui ajouter de l'huile de vitriol ou de chaux de ce foffile, où cette huile foit encore renfermée; mais ici rien de tout cela n'eſt né- ceſſaire.

15. Si l'on raſſemble par le moyen de ce verre la lumiere de la Lune lorſqu'elle eſt dans ſon plein, on a un foyer très-luiſant, mais où l'on ne découvre aucune marque de cha- leur.

16. Ce Feu meut, pouſſe, agite preſque tous les Corps, & cela fou- vent au grand danger des aſſiſtans, même dans le vuide.

De toutes ces expériences, & de pluſieurs autres encore, il ſuit que ce foyer de Tſchirnhaus eſt plus foible à la vérité que celui de Villette, mais que cependant il eſt plus propre à nous faire connoître le Feu par ſes effets.

COROLLAIRE I.

Feu diop-trique dans l'Air.

Si l'eau, ou les particules glacia- les qui ſe trouvent dans l'athmoſphé- re, viennent à être mues par quelques cauſes Phyſiques, de façon qu'elles compoſent de grandes nuées qui aient

la

la figure d'une Sphère tranſparente ;
& ſi cette Sphère, quelque peu de
tems qu'elle ſubſiſte ſous la même forme, vient à être éclairée par les raïons
du Soleil, à la diſtance de ſon demi
diamètre, du côté oppoſé au Soleil ,
elle pourra former en un moment un
Foïer beaucoup plus violent que celui de Tſchirnhaus: l'Air dans cet endroit ſera extrèmement rarèfié, d'où
il réſultera encore des Phénomènes
ſubits & très ſinguliers. Car reflèchiſſons ſur la parfaite tranſparence de
l'Eau, élevée au haut de l'Air; conſidérons en même tems en quelle quantité elle tombe ſouvent tout d'un
coup ſous la forme de pluie ; & nous
comprendrons aiſément, à l'aide de
la Dioptrique, quels effets elle doit
produire, lorſqu'elle acquiert la figure d'une très grande Sphère. Concevons encore que les raïons qui tombent ſur une telle Sphère, & qui la
traverſent, produiſent une grande
Lumière & un Feu ardent au delà de
cette Sphère, dans une ligne qui paſſe
par ſon centre & par celui du Soleil,
pendant que du côté éclairé par le Soleil on n'apperçoit aucune Lumière,

M

& que ce n'eſt qu'une noire obſcurité ;
cela ne nous portera-t'il point à croire
qu'il arrive quelque choſe de ſemblable, lorſque nous voions des places
noires dans le Ciel, d'où partent
bientôt des grands coups de Tonnerre & des Foudres ? Mais cette forme
ſphèrique des nuées doit ſurtout faire
que les eſpaces, qui ſont compris entre ces Globes, different conſidérablement en Lumière & en Chaleur,
de ces mêmes Globes. Ainſi l'Air doit
ſe trouver expoſé à des changemens
continuels ; ici il eſt raréfié & chaud,
là condenſé & froid, un moment après
il eſt tout autre ; il s'y fait une ſucceſ-
ſion de phénomènes très variés, qui
diſparoiſſent preſque au moment de
leur naiſſance, pour faire place à d'autres. Je me contente d'indiquer tout
cela, parce qu'il eſt aiſé d'en faire
l'application aux Météores, ſi l'on
veut y faire attention.

C O R O L L A I R E　2.

　Je ne puis m'empêcher de rappeller ici une choſe dont j'ai déja parlé
dans une autre occaſion ; c'eſt que les

Métaux se vitrifient plus promtement & plus intimement par le seul frotte-ment d'un morceau d'acier contre un caillou, que par le plus grand Feu dioptrique : le fait est incontestable. Le Feu de Villette est beauccup plus fort que celui de Tschirnhaus. Or le Frottement convertit le fer en verre, beaucoup plus vite que le Foïer de Villette. Nous voions donc encore par là que l'attrition des Corps élas-tiques, a une force prodigieuse.

plus grand que le Feu dioptrique.

C O R O L L A I R E 3.

Je conclus encore de ce qui vient d'être dit, que nous n'avons pas be-soin d'aucune action du Soleil, con-nue jusqu'à présent, pour produire le Feu le plus violent, celui dont l'effet est le plus promt & le plus grand de tous ceux qui aient été observés. Bien plus, nous pouvons nous passer de toute matière inflammable, pour fon-dre parfaitement & en un clin d'œil, celui de tous les Métaux qui se fond le plus difficilement ; & cela réussit prin-cipalement lors qu'il fait très froid, & dans les lieu où il y a le moins de

Pour pro-duire le plus grand Feu connu, on peut se passer de toute matiere émanée du So-leil.

M ij

chaleur, sans fourneau, & même sans vase qui renferme ce Métal. Tous ces Paradoxes sont pleinement vérifiés par la méthode la plus ordinaire de produire du Feu.

C O R O L L A I R E 4.

Ce Feu n'é-
mane peut-
être pas du
Corps même
du Soleil.

J'ai beaucoup hésité si j'oserois publier un sentiment qui m'a roulé long-tems dans l'esprit : je vais enfin le hazarder. Il est assez vraisemblable, qu'il n'émane du Corps du Soleil aucune matiere ignée, à laquelle on doive attribuer cette action du Feu, que nous observons sur notre Terre ; mais que le Soleil a simplement le pouvoir de diriger en lignes droites & parallèles le Feu qui existoit auparavant dans l'endroit où il agit, & cela sans lui rien ajouter. Ainsi ce seroit toujours la même quantité de Feu, qui dirigée une fois en lignes parallèles, & réunie ensuite par la réflexion, ou la réfraction, acquiert par cette réunion une nouvelle force, & produit tous les effets dont nous avons parlé. Avant que d'aller plus loin, je vais tacher d'éclaircir par un exem-

ple à la portée de chacun, ce fentiment que les préjugés rendront obfcur pour bien des gens. Aiez un cube
de cuivre creux, & dont une des fa-
ces foit de trois pieds quarrés; il faut
qu'un de fes côtés foit ouvert, & que
tous les autres foit exactement fermés.
Placez ce cube de façon que fon côté
ouvert foit directement oppofé au Soleil, mais couvert d'un papier blanc:
mettez dans fa cavité un Thermomètre de Fahrenheit, fenfible au moindre
changement de chaleur. Auffi long-
tems que le papier empèche le Soleil
d'éclairer la cavité de ce cube, cette
cavité fera très froide, fi la faifon eft
telle. Mais enlevez tout d'un coup le
papier, au moment même toute la capacité intérieure du cube eft éclairée
par le Soleil, & auffi-tôt il s'y produit une chaleur qui fait monter la liqueur du Thermomètre. *Les Philofophes nous difent que le Feu qui produit cette chaleur a été détaché du
Corps du Soleil, & eft parvenu jufqu'à
nous avec une viteffe inconcevable.*
Quant à moi, il me femble que le Soleil n'a rien fait en cela que ce qu'il
faifoit auparavant & que ce qu'il fait

toujours; je veux dire qu'il détermine toujours en lignes droites tout ce que nous appellons Feu, lorſqu'il ne rencontre aucun Corps opaque qui interrompe ſon action. Ainſi le Feu qui eſt dans ce cube, eſt le même qu'il étoit lorſque le papier le couvroit. Alors il agiſſoit également ſur les ſix côtés qui le renfermoient; mais le papier une fois ôté, tout le changement qui lui eſt ſurvenu, c'eſt qu'il eſt déterminé vers le côté oppoſé à celui qui eſt ouvert, ſuivant une direction en lignes droites. Par conſéquent il échaufe également tout cet eſpace, & particulierement ce dernier côté, uniquement par une ſuite de ſa direction, ſans aucune addition de nouvelle matière, qui agiſſe ſur le Thermomètre. Suppoſons encore le Miroir de **Vil**lette, oppoſé directement au Soleil en plein midi, mais couvert d'un voile bien blanc; il n'y aura pas plus de Feu dans ſa cavité, derriere ce voile qu'ailleurs. Enlevez ce voile, au même inſtant le Feu, qui étoit ſans aucune détermination particulière dans cette cavité, eſt pouſſé ſuivant des lignes parallèles ſur la ſurface concave & reflèchiffante du Miroir, & il fe réunit enfuite en un Foïer où il produit un Feu terrible, qui n'eft point émané du Corps du Soleil, & qui même n'eft ni en plus grande ni en plus petite quantité qu'auparavant : feulement il eft mu fuivant une direction différente. Ceci doit auffi s'entendre des Verres qui réuniffent les raïons par la réfraction. Par conféquent, il pourroit fe faire, fuivant cette fuppofition, que le Feu produit par le frottement, & celui qu'on excite par un Miroir ou par une Lentille, ne dépendit en aucune façon du Soleil par rapport à fa matière.

C O R O L L A I R E 5.

Quel feroit donc le plus grand Feu, que l'Art humain feroit aujourd'hui capable de produire ? De tout ce que je crois avoir expofé affez clairement jufques ici, on peut conclure que ce feroit celui qui feroit raffemblé dans l'endroit où le Foïer de Villette & celui de Tfchirnhaus, oppofés directement l'un à l'autre, viendroient à fe

Méthode phyfique de produire le plus grand Feu.

rencontrer. Et la chofe n’eft pas impoffible ; car comme le Foïer du Miroir eft en plein air , à trois pieds
& demi du Miroir même , & qu’il
tombe dans un point de fon axe ; on
pourra placer tout l’appareil de Tfchirnhaus entre le Soleil & le Miroir dans
une ligne qui paffe par le centre de
l’un & de l’autre , de façon que le
Foïer dioptrique de l’un tombera
exactement dans le Foïer catoptrique
de l’autre , & cela fans empècher aucunement l’action du Soleil fur le Miroir. Dans ce lieu de concours fe trouvera donc le plus grand Feu que l’Art
humain , perfectionné comme il l’eft
à préfent , foit en état de produire.
J’avoue qu’on ne fauroit commodément déterminer la force de ce Feu
fur les Corps , qu’au moment même
qu’on les place à ce Foïer , parce que
d’abord ils coulent à terre en fe fondant. Cependant il eft toujours clair
que c’eft-là le plus grand Feu poffible.
S’il ne répugne point à la nature des
chofes que des Nuées de glace , fphériques & concaves , foient placées de
telle façon dans l’Air, que leurs Foïers

fe rencontrent , comme je viens de
l'expofer, quels prodigieux effets n'en
pourra-t'il point refulter ?

C O R O L L A I R E 6.

Suppofons donc qu'on ait réellement excité ce prodigieux Feu, dans
l'endroit dont je viens de parler : il y
demeurera auffi long-tems que l'axe
du Soleil, & celui du Verre & du Miroir, refteront dans la même ligne droite , & que la diftance entre le Miroir
& le Verre ne fera point changée. Si
donc on trouve le moïen de conferver ces deux inftrumens dans la même fituation refpective, & en même
tems de les faire mouvoir de façon
qu'ils foyent toujours directement
oppofés au Soleil, on pourra en Eté,
& dans un jour ferein , conferver ce
terrible Feu depuis neuf heures du
matin, jufqu'à trois heures après midi ; & pendant tout ce tems, il n'aura pas befoin du moindre aliment
pour fe foutenir ; il fubfiftera toujours
dans le même état où il étoit au commencement de fa production. Cela
nous donne fur la nature du plus

Il peut fub-fifter long-tems fans au-cun aliment.

M v

grand Feu connu, une idée bien différente de celle qu'on a eue jufqu'à
préfent ; car nous voyons que con-
formément à ce que nous connoiffons des Loix de la nature, un Feu
& une lumiere d'une force déterminée, & d'une certaine grandeur,
peuvent fubfifter & fubfifter pendant long-tems dans un endroit, fans
le moindre aliment.

COROLLAIRE 7.

*Il agit d'a-
bord avec une
très-grande
force.*

Ce qu'il y a principalement à ad-
mirer dans ce Feu, c'eft qu'à l'inftant
même que fa caufe le produit, il fe
manifefte avec toute fon efficace, &
il agit fur le champ avec la même
violence qu'il agira dans la fuite.
Peut-être même fera-t'on encore plus
furpris, de ce que, fi au moment que
ce Feu agit avec le plus de force, on
couvre fubitement le miroir, il ne
refte dans fon foyer aucune marque
phyfique du Feu prodigieux qu'il y
avoit un inftant auparavant. Dans ce
court efpace de tems la lumiere, la
chaleur, l'expulfion de l'air, & tous
fes autres effets font difparus fans

laiffer après eux aucune trace. Qui auroit pu croire cela? Eft-ce donc qu'un même inftant pourroit voir naître & périr dans l'Univers la lumiere la plus vive & le Feu le plus efficace? Remarquons à cette occafion que le Feu de ce foyer n'eft vifible que dans la ligne qui paffe par le centre du Soleil & du miroir; de côté il ne répand aucune lueur fenfible; par conféquent il ne donne par fa lumiere aucune marque de fa préfence qu'à un œil pofé dans cette ligne; mais auffi fon éclat eft là prodigieux ; il eft capable nonfeulement d'éblouir , mais même de faire perdre la vue en un moment.

C O R O L L A I R E 8.

En refléchiffant fur tout cela, je crois y découvrir une nouvelle confirmation de cette merveilleufe propriété du Feu, qui nous le fait envifager, lorfqu'il eft abandonné à lui même, fous l'idée d'une puiffance phyfique, qui du centre de ce qu'on confidere comme fa maffe, s'étend

M vj

également & uniformémenr de tout
côté comme des rayons d'une fphere.
Et comme le Feu eft le même par
tout , cette puiffance demeurera par-
tout en équilibre, & par conféquent
ne caufera aucun changement : mais
quand cet équilibre vient à être détruit, par quelque caufe que ce foit,
cela pourra donner lieu à des Phénomènes tout-à-fait extraordinaires ,
& peut-être que dans ce cas on s'i-
maginera mal à propos, que quelque nouveau Feu a été produit, ou
que la force de celui qui exiftoit auparavant a été confidérablement augmentée.

EXPÉRIENCE XVIII.

Le Feu peut être uni aux Corps, & fixé pour un tems.

Le véritable Feu peut s'unir à tous
les Corps folides qui ont été examinés jufqu'à préfent ; & lorfqu'une
fois il eft joint à un Corps, il peut y
refter uni pendant affez long-tems :
par conféquent il ne difparoît pas
dans les Corps en un moment, comme cela arrive dans les foyers dont
nous avons parlé.

L'Expérience nous apprend ce

que nous avançons ici ; car expofons
à l'action d'un Feu pur & ardent,
n'importe de quelle efpèce, tous les
Corps qui font à notre portée, ils
pourront s'échauffer à un tel point
qu'ils deviendront luifants, & qu'ils
fe fondront. C'eft ce qui eft démontré par les Expériences faites par
Mrs. Tfchirnhaus, Homberg, Hart-
fœker & autres ; par celles que font
tous les jours les Forgerons, les Cui-
finiers & autres gens qui employent
fréquemment le Feu ; & par ce que
nous voyons arriver toutes les fois
que la terre eft éclairée par les rayons
du Soleil. On n'a aucun exemple du
contraire. Toutes les terres fixes,
toutes les pierres communes auffi bien
que les pierres précieufes, les verres,
les fels fixes, les bois, les foffiles folides, les métaux, tous ces Corps
font foumis à cette même loi. Ainfi
c'eft avec raifon que le fameux Newton a dit, que s'il étoit poffible que
l'eau fe convertît jamais en terre,
elle pourroit être pénétrée de Feu
au point de devenir lumineufe. Ce
qui mérite principalement, fuivant
moi, d'être remarqué ici, c'eft qu'il

doit y avoir quelque cause différente . du Feu même, qui le retienne ainsi uni au Corps pendant si long-tems; car dans le foyer de Villette, le plus grand Feu s'évanouit au moment que les rayons cessent de tomber parallèlement sur le miroir. Là donc le Feu n'est pas retenu par le Feu: au contraire, les diverses parties de ce Feu qui étoient si intimement unies un moment auparavant, s'écartent & s'abandonnent les unes les autres: mais si l'on expose à ce foyer une boule de fer, dont le plus grand cercle soit égal au cercle qui termine le foïer, & si on l'y retient jusqu'à ce qu'elle soit bien pénétrée par la chaleur; alors le Feu de ce foyer restera long-tems uni à cette boule, avec toutes les marques de sa présence: si bien que ce Feu qui auroit disparu en un instant, n'a qu'à être reçu dans un Corps pour se conserver pendant un assez long intervalle de tems, & pour ne pas s'étendre d'abord. Quelle en est la cause ? Le Corps. De quelle maniere peut-il ainsi retenir le Feu? Par sa masse corporelle. Est ce donc que dans l'en-

droit où étoit auparavant le foyer,
il n'y avoit que du Feu, fans aucun
autre Corps, l'air même en aiant été
chaffé par la force de la chaleur?
Eft-ce donc que ce Feu difparoif-
foit en un clin d'œil, parce qu'il n'é-
toit retenu par aucun Corps? Les
parties du Feu réunies n'étant arrêtées
par aucune matière corporolle, re-
prennent-elles donc auffi-tôt leur premier équilibre? N'y auroit-il par conféquent aucune attraction mutuelle
entre les parties du Feu? Ou plutôt
eft-ce que les Elémens dont il eft compofé fe fuiroient les uns les autres?

EXPÉRIENCE XIX.

Ce Feu élémentaire ainfi communiqué aux Corps fe manifefte par les
véritables effets phyfiques qu'il produit tout autour du Corps où il eft
renfermé, & qui le font reconnoître
pour un feu bien réel, & qui a confervé toute fa pureté.

Car la principale marque de la préfence du Feu, celle que le Thermomètre nous fait connoître, fe trouve
ici. Si l'on tient un Termomètre à une

certaine diſtance d'un morceau de fer
chaud, la liqueur ſe raréfie, & cela toujours de plus en plus à meſure qu'on
l'approche davantage du fer ; au contraire elle ſe condenſe de plus en plus
à proportion qu'on l'en éloigne. L'effet eſt toujours le même de quelque
côté qu'on approche le Thermomètre, pourvu que ce ſoit à une égale
diſtance. Ce Feu donc qui eſt dans
ce fer & qui agit ſur le Thermomètre,
eſt un véritable Feu tel qu'il étoit en
y entrant ; mais il y reſte ſans frottement, ſans parallèliſme, & il y produit les mêmes effets que le Feu élémentaire. Si l'on approche peu à peu
de ce même fer chaud une allumette ;
elle commence d'abord à fumer, enſuite elle ſe fond, elle étincelle, elle
luit, & enfin elle s'enflamme. Mais voici une expérience très ſurprenante à
laquelle il importe de faire attention.
Aïez de l'Alcohol bien pur ; répan-
dez en quelques goutes, lentement &
avec précaution ſur ce fer chaud ; que
penſez-vous qu'il en arrivera ? L'Alcohol doit s'enflammer, ce ſemble.
Cependant rien moins que cela. Auſſi-
tôt qu'il eſt tombé ſur le fer, il prend

la figure d'une petite boule tranfpa-
rente ; & comme du vif-argent, il
court fur la furface du Fer, fans la
moindre apparence de flamme. Lorfqu'en courant ainfi il eft parvenu en
un endroit du fer qui eft plus froid,
auffi tôt il s'évapore, & cela encore
fans aucune flamme. Que penfer de
cela ? Le fouffre, la poudre à canon, le
bois & d'autres matières combuftibles
s'enflamment dès qu'élles font appliquées à ce fer ; & l'Alcohol, qui expofé à une chaleur douce, eft prefque
celui de tous les Corps qui s'allume le
plus aifément, fupporte ce Feu fans
s'enflammer. Je laiffe à d'autres le foin
d'expliquer le fait, qui eft un paradoxe, dont la folution me paroît três-
difficile.

Expérience XX.

Puis donc qu'il eft certain que le
Feu peut être retenu fi long-tems & *Il n'aug-*
mente point
en fi grande quantité dans un Corps *leur poids.*
folide ; une des premières chofes qu'il
y a à faire, c'eft de rechercher de
quelle efpèce eft ce Feu, qui y refte
ainfi adhérent : & comme la pefanteur

eſt une des principales & des plus communes propriétés qu'on a découvertes dans les Corps, il faut tacher de découvrir, ſi ce Feu ajoute aux Corps fixes un poids ſenſible. Dans ce deſſein je choiſis un Corps qui puiſſe ſoutenir une très grande chaleur ſans rien perdre de ſa peſanteur, & qui en même tems ſoit propre à recevoir en ſoi beaucoup de Feu, & à le conſerver long-tems. Pour le peſer je me ſers d'une balance très exacte, & qui ſe meut avec beaucoup de facilité. Je prends donc un parallèlepipède fait d'un Fer très pur; quand il eſt froid il pèſe cinq livres & huit onces, poids d'Amſterdam: je le mets dans un braſier de charbon de pierre, dont j'augmente la violence à force de ſouffler, juſqu'à ce que ce morceau de fer ſoit entièrement rouge de tout côté. Ainſi pénétré de Feu, & après en avoir ſecoué exactement toute la pouſſière, je le mets dans un des baſſins de la balance & je place dans l'autre un poïds qui me donne un parfait équilibre, & ce poids eſt préciſément de cinq livres & huit onces comme auparavent. Je laiſſe le tout dans le même

Cela ſe voit dans le fer.

état jusqu'à ce que le fer soit entièrement refroidi ; l'équilibre s'y conserve toujours & je n'y ai pas remarqué
le moindre changement au bout de
vingt-quatre heures; ainsi il n'importe
pas que ce morceau de fer, tout gros
qu'il eſt, ſoit chaud ou froid, ſon
poids reſte abſolument le même. J'ai
fait la même expérience ſur un gros
bloc ſolide de cuivre, & le ſuccès a
été tout pareil. Je dois cependant avertir que ceux qui réitereront après moi
ces Expériences, croiront remarquer
que ce Corps échauffé eſt plus légér
que quand il eſt froid. Mais s'ils y
font attention, ils verront que cela
vient de ce que les baſſins ſont ſuſpen-
dus au joug de la balance avec des
cordes ou avec quelque autre matière
ſemblable qui peut s'humeĉter & ſe
ſècher enſuite. Or quand on met dans
un baſſin le morceau de Métal qu'on
veut peſer, ſa chaleur fait évaporer
l'humidité des cordes qui le ſoutien-
nent, ce qui les rend plus légères.
C'eſt pourquoi dans cette Expérience, il faut toujours ſuſpendre les baſſins avec des chaînes de Métal.

Et dans de cuivre.

COROLLAIRE 1.

Le Feu eſt libre dans un eſpace & dans un Corps échauffé.

Ce feu donc, ainſi adhérent à un Corps échauffé, s'étend de tout côté, & forme par-là autour de ce Corps une eſpèce d'Atmoſphère ; puiſque de chacun des points de ce Corps il fait ſentir ſon pouvoir à une diſtance conſidérable, & produit tous les effets qui lui ſont propres ; effets qui ſont toujours plus grands à meſure qu'on approche du Corps échauffé. Si donc l'on avoit un Globe ainſi pénétré de Feu, il formeroit autour de lui une Sphère de chaleur dont le centre ſeroit le point le plus chaud de tous.

COROLLAIRE 2.

Il eſt en plus grande quantité dans le centre, & il diminue à meſure qu'il s'en éloigne.

Par là nous comprenons qu'il y a une grande quantité de Feu dans ce Corps échauffé, & qu'il y reſte pendant fort long-tems. Car ſi nous conſidérons qu'autour de cette maſſe de fer & de cuivre, à une diſtance aſſez conſidérable, il y a une très-grande chaleur qui ſe fait remarquer par ſes effets ; & ſi nous reflèchiſſons encore

que pendant tout le tèms que dure
cette chaleur elle doit ètre continuellement diminuée par l'Air qui l'environne, nous concevrons aifément que
la quantité du Feu dans ce Corps eft
très-grande au commencement. Par
conféquent il doit y avoir plus de Feu
dans ce Corps même que dans l'Air
qui en eft échauffé aux environs; fi on
le retient dans le Feu, jufqu'à ce qu'il
en foit bien pénétré dans toute fa fubftance, la chaleur fe condenfera & fera
au plus haut dégré dans fon centre ;
c'eft ce que toutes fortes d'expériences confirment.

C O R O L L A I R E 3.

Mais en s'écartant de ce centre vers
la fuperficie, ce Feu s'affoiblit infenfiblement ; car cette fuperficie eft refroidie la première par l'Air auquel
elle eft contigue. Cela arrive auffi toujours à l'Atmofphère qui l'environne;
fes différentes couches orbiculaires,
les plus voifines de la boule échauffée
feront les plus chaudes ; & plus elles
s'en éloigneront plus elles feront froides, jufqu'à ce qu'enfin la dernière

qui sert de borne à sa chaleur soit froide comme l'Air qui est autour. C'est ce qui nous confirme encore que le Feu qui est dans le centre de cette Sphère échauffée faitde grands efforts pour s'étendre de tous côtés ; c'est-là une suite de sa nature. Mais la couche orbiculaire qui suit est moins dilatée que ce centre, elle met donc un obstacle à sa dilatation, elle le repousse en quelque façon parce qu'elle est un peu moins chaude, c'est-à-dire un peu moins dilatée ou un peu plus contractée. Or comme cette dilatation & cette répulsion ont lieu entre toutes les couches orbiculaires qui composent cette chaude Atmosphère, il suit de là que pendant tout le tems que le Feu renfermé dans cette Sphère l'emporte sur celui qui est dans l'Air des environs, il y a une dilatation & une répercussion continuelle, tant dans la masse solide que dans l'Air qui l'environne & qui en est échauffé : & ce mouvement de vibration est plus ou moins grand & plus fréquent proportionellement à la force du Feu. Cette vibration & cette répercussion causeroient-elles ici quelque frottement ?

Est-ce que ce frottement produiroit
ici un nouveau Feu, comme nous
avons dit que cela arrivoit en parlant
du Feu excité par l'attrition ?

C O R O L L A I R E 4.

Il seroit à souhaiter qu'on put dè-
terminer quelle est la quantité du Feu
renfermé dans un tel Corps relative-
ment à sa substance, mais la chose
n'est pas plus aisée qu'on la croit communément. Par les effets du Feu, qui
tombent sous nos sens, nous pouvons
bien juger de sa force : mais de la force du Feu qui nous est connue nous
ne pouvons rien conclure quant à sa
quantité, & cela principalement parce que nous ignorons jusqu'à présent
de combien l'approximation des Elémens du Feu augmente son efficace.
Or aussi long-tems que nous ne connoissons pas la proportion qu'il y a
entre la force du Feu qui dépend de
sa condensation, & celle qui est une
suite de sa quantité, nous ne sommes
pas en état de juger de la quantité du
Feu par ses effets. Ce que je dis ici
pourra paroître de peu d'importance;

mais qu'on se souvienne que, sur-tout
en matière de Physique, abondance
de précautions ne nuit jamais.

COROLLAIRE 5.

Ce Feu ne forme pas une masse solide dans un Corps.

Cependant quoique ce Feu reste si
long-tems dans un Corps échauffé, il
ne paroît pas s'unir avec lui de façon
qu'il forme une seule masse solide ; car
quoique ce Corps en devienne plus
grand, il n'en est pourtant pas plus
pesant. Dira-t'on que le Feu peut
bien acquérir de la solidité, & augmenter la masse du Corps avec lequel
il est uni, sans cependant augmenter
son poids ? Il est vrai que nous sommes surs que tout Corps échauffé est
constamment dilaté pendant tout le
tems qu'il renferme en soi du Feu,
mais c'est-là tout.

COROLLAIRE 6.

Ni ne le rend pas plus léger.

Le Feu dans le tems qu'il est renfermé dans les Corps ne cause non
plus aucune diminution dans leur
poids , qu'on pourroit soupçonner
être rétabli ensuite par le froid : les
Expériences

expériences ne nous font rien voir de
semblable.

C O R O L L A I R E 7.

Cela nous conduit, ce semble, à
concevoir le Feu, adhérent par exemple à une boule de fer rouge, comme
un Fluide qui environne ce Corps de
tout côté, qui est dispersé dans toute
sa substance, & dont toutes les parties
s'y meuvent librement & indiférem-
ment. Car si nous concevions qu'elles ont quelque détermination particulière vers un endroit plutôt que
vers un autre, il paroît qu'il faudroit
en conclure qu'un Corps échauffé devroit être rendu plus pesant ou plus
léger qu'il n'étoit auparavant.

*Mais il s'y
meut indifé-
remment en
tout sens.*

C O R O L L A I R E 8.

Il doit nécessairement y avoir quelque cause qui retienne le Feu pén-
dant si long-tems dans un Corps
échauffé, & qui l'empêche de se dissi-
per dans le moment qu'il y est produit. Car dans le foïer de Villette &
de Tschirnhaus, il y a un Feu, autant

*Caufes qui
font que le
Feu reste assez
long-tems
dans les
Corps.*

& plus violent même que dans cette boule de fer ; cependant il s'évanouit dans un inftant, fi à chaque moment il n'eft pas reproduit dans la même place. Le Feu ne peut donc pas fe maintenir en poffeffion de la place qu'il a une fois occupée, mais il doit y être retenu par quelqu'autre chofe différente de lui.

COROLLAIRE 9.

Première cause. La maffe du Corps.

De quelque manière que nous confidérions cet effet, nous ne voions rien qui foit capable de le produire que le Corps même, confidéré en tant que diftinct de l'efpace ; c'eft - à - dire, en-tant que réfiftant ou impénétrable, ou en tant que véritable maffe corporelle. Car nous remarquons que quand la même caufe communique du Feu à des Corps qui différent en denfité, ces Corps acquièrent bien le même dégré de chaleur, mais qu'ils conferyent ce dégré plus long - tems à proportion qu'ils font plus denfes, plus pefants, ou qu'ils contiennent une plus grande quantité de matière fous un même vo- lume. Si vous plongez, par exemple,

des Corps de différente pesanteur spécifique dans de l'eau bouillante, ils s'é-
chaufferont bien également; mais celui qui sera le plus pesant conservera
très-long-tems sa chaleur, au lieu que
le plus léger se refroidira beaucoup
plutôt. En allant aussi loin que les Expériences ont pu nous conduire à cet
égard, il semble qu'on peut établir
cela comme une règle à peu près générale: le vuide de Torricelli perd en
un moment la chaleur qui y a été produite; l'Air échauffé dans un vase se
refroidit très-promptement; l'Alcohol se refroidit plus lentement; l'Eau
retient la chaleur plus long-tems que
l'Alcohol, & le Mercure se refroidit
plus lentement encore que l'Eau. De
même entre les Corps solides, le bois,
la pierre & les Métaux, également
échauffés, conservent plus long tems
leur chaleur à proportion qu'ils sont
plus denses.

Une plus grande quantité de Feu
dans les Corps en sort aussi plus lentement qu'une moindre: de sorte qu'on
peut regarder comme une règle presque générale en Physique cette pro-
position; c'est que plus est grand le

N ij

dégré de chaleur communiqué au même Corps, ou plus ce Corps est dilaté
par la force du Feu, & approche du
point de fusion, plus long-tems aussi
il retient toujours la chaleur qu'il a
acquise. Car quand vous communiquez
à deux Corps, d'ailleurs parfaitement
semblables, des différens dégrés de chaleur, le plus chaud, après avoir perdu
ce qu'il avoit de chaleur de plus que
l'autre, est encore aussi chaud que celui-ci l'étoit au commencement; & par
conséquent il lui faudra alors pour se
refroidir autant de tems qu'il en a fallu
à celui qui étoit le moins chaud pour
perdre toute sa chaleur. Mais il reste
encore à examiner si outre la densité
d'un Corps & le dégré de chaleur il
n'y a pas quelqu'autre cause propre à
conserver long-tems le Feu une fois
communiqué. Si de l'eau & de l'huile,
par exemple, ont un même dégré de
chaleur, & si l'huile est plus légère
que l'eau, quel de ces deux fluides se
refroidira le plus dans le même espace
de tems? Sûrement tous les Philosophes croiroient que le Feu retenu par
la ténacité de l'huile y resteroit plus
long-tems. Pour m'éclaircir là-dessus,

j'ai pris deux vaisseaux égaux, l'un rempli d'eau, & l'autre d'huile d'olives. Je les ai mis tous deux dans un vase où j'ai fait bouillir de l'eau, je les ai tenu dans cette eau bouillante jusqu'à ce que je susse sûr que ces deux liqueurs avoient acquise précisément le même dégré de chaleur. Alors les aiant retiré de ce vase, je les ai placé dans un même endroit, pour observer le tems dans lequel l'une & l'autre seroit réduite à la même température, & j'ai trouvé que ce tems étoit exactement proportionel à leur gravité specifique.

Il y a encore ici un fait à remarquer qui semble ne pouvoir être attribué qu'à une cause qu'il est très-difficile de découvrir; c'est que le Feu, quelque grand qu'il soit, ne peut communiquer aux Corps qu'un certain dégré de chaleur, comme cela se voit dans l'eau, dans l'alcohol, dans l'huile, dans le vif-argent, lorsqu'on les fait bouillir. Cependant comme tous les liquides ne bouillent pas également vîte, il y en a qui, quoique plus légers, sont plus difficilement réduits à l'ébullition, & peuvent par là même recevoir plus de chaleur & de Feu que ceux qui font plus pefants. L'eau eft plus péfante que l'huile de lin ; la chaleur de l'eau bouillante eft de 213 dégrés, le Feu le plus ardent ne fauroit lui en communiqner une plus grande. Mais l'huile demande un Feu beaucoup plus grand & plus long-tems continué pour bouillir ; & alors elle acquiert une chaleur d'environ 600 dégrés. Qui peut rendre raifon de ce fait ? Lorfque le vif-argent, qui eft quinze fois plus pefant que cette huile, vient à bouillir fur le Feu, il n'acquiert que le même dégré de chaleur. Cela nous apprend donc qu'outre la maffe corporelle il y a quelqu'autre chofe qui fait que certains Corps ne peuvent recevoir qu'un dégré déterminé de chaleur, & que d'autres en reçoivent beaucoup plus. Peut-être que perfonne n'eft en état de donner la véritable raifon de ce phénomène.

Cette remarque nous fait clairement voir pourquoi l'eau éteint le Feu qui eft nourri par quelque matiere combuftible, elle fait que cette matière eft environnée d'une chaleur moindre que celle qui eft néceffaire

pour allumer des Corps combuſtibles;
on n'en voit aucun qui s'enflâme &
qui brûle par une chaleur de 213 dégrés.

Par la même raiſon un grand Feu *Pourquoi l'eau empéche l'étain de le fondre.*
ne ſauroit fondre un vaſe d'étain
plein d'eau; car pour le fondre il faut
un dégré de Feu beaucoup plus grand
que celui qui fait bouillir l'eau, & qui
eſt cependant le ſeul qu'il peut recevoir pendant qu'il en eſt rempli. Mais
mettez ſur le Feu ce même vaſe rempli d'huile, & vous verrez qu'il ſe
fondra avant même que l'huile bouil-
le. La même choſe arrive à un vaſe
de plomb. Lorſqu'on examine tout
cela avec attention, il paroit aſſez
vraiſemblable que quand le Feu à une
fois diſpoſé les Corps de façon qu'il
peut agir uniformément ſur toutes
leurs parties, & paſſer également à travers tous leurs pores, il ne peut pas
s'unir avec eux en plus grande quantité qu'il ne l'eſt actuellement, & il
ſemble que c'eſt-là le cas des fluides
dès qu'ils bouillent, & des Corps ſolides lorſque réduits en fuſion ils coulent ſous la forme d'un liquide étin-
celant ou bouillant, comme nous

N iiij

voions que cela arrive aux Métaux; au Verre , aux Sels, & aux autres Corps ainsi fondus.

Ces Observations nous font ici d'un grand usage ; elles nous apprennent enfin que le Feu a quelque connexion avec les Corps. Qu'il reste plus long - tems là où il est en plus grande quantité. Que le même dégré de Feu est plus adhérent aux Corps qui font plus denses. Que certains Corps, les huiles surtout, peuvent en recevoir une plus grande quantité. Que ces Corps demandent un Feu plus ardent & plus de tems pour acquerir le dégré de chaleur dont ils font susceptibles. Que plus les Corps font denses, plus ils ont besoin de tems pour devenir aussi chauds que des Corps plus rares exposés au même Feu ; mais qu'aussi il leur faut plus de tems pour être réduits à la même température que ces derniers qui se refroidissent plus vîte. En refléchissant sur tout cela avec attention, on peut connoître plusieurs des Loix de la Nature auxquelles les propriétés du Feu font soumises ; Loix qui font confirmées par des Observations, & d'une très-grande utilité dans la Physique, si on ne les perd jamais de vue. Je crois même que si l'on perfectionne encore un peu plus cette doctrine, on pourra enfin parvenir à résoudre par des expériences les Problêmes suivans : *remplir un espace donné avec un Corps qui soit tel qu'il ne puisse être échauffé que jusqu'à un dégré déterminé par le plus grand Feu.* Et encore, *remplir un espace donné d'un Corps qui soit capable de retenir le plus grand Feu possible.* Le fer qui se fond plus lentement que l'or, lorsqu'une fois il est réduit en fusion, n'est-il pas plus chaud que l'or fondu, quoique celui-ci soit plus dense ? C'est-là une chose qui mérite d'être examinée.

COROLLAIRE 10.

Il y a encore ici un autre Phénomène qui s'offre à notre considération. C'est que les Corps qui contiennent une plus grande quantité de Feu, que les fluides qui les environnent, ou que les autres Corps voisins, perdent ce Feu d'autant plus vîte, que pour les refroidir on les plonge dans

La chaleu-
se dissipe trè-
promptement
si l'on plonge
un Corps
chaud dans
un fluide froid
& dense.

un fluide plus denſe. Un exemple
éclairera ma penſée. Aiez trois vaiſſeaux, l'un plein d'air, l'autre d'eau,
& le troiſiéme de vif-argent, & que
ces trois fluides ſoient tous exactement de la même température. Aiez
encore trois morceaux de fer égaux,
& bien pénétrés de Feu. Laiſſez un
de ces morceaux dans l'air dont vous
connoîtrez la température; plongez
le ſecond dans l'eau qui doit être préciſément auſſi froide que l'air: plongez enfin le dernier morceau dans le
mercure qui ſera auſſi froid que l'air
& l'eau. Qu'arrivera-t-il? Le fer retiendra long-tems ſa chaleur dans l'air
qui eſt un fluide rare; il la perdra plus
vîte dans l'eau, & il la perdra très-
promtement dans le vif-argent. Il
ſemble même qu'il ſe refroidit dans
l'eau plus vîte, à proportion qu'elle
eſt plus denſe que l'air, c'eſt-à-dire,
huit cent fois plus promtement; peut-
être en eſt-il de même dans le Mercure, & qu'il s'y refroidit auſſi quatorze
fois plus vîte que dans l'eau. C'eſt ce
que ceux qui travaillent les Métaux
connoiſſent fort bien; pour les amol-
lir & les rendre par là propres à cer-

tains usages, ils choisissent un jou
chaud de l'Eté ; ils les font rougir au
feu & ils les y laissent jusqu'à ce que le
Feu s'éteigne de lui-même , & que le
tout se soit refroidi peu à peu. Quand
au contraire pour d'autres usages, ils
les veulent bien durs, ils choisissent
pour cela l'Hiver, & ils les plongent
dans une eau très-froide.

Nous trouvons ainsi deux causes
qui accélèrent le refroidissement ; c'est
le froid & la densité des fluides où l'on
plonge les Corps chauds qu'on doit
refroidir. Mais il y en a encore une
troisième qui contribue au même effet ; c'est l'agitation du Corps chaud
dans une liqueur froide : par là on fait
que le Corps s'applique continuellement contre un nouveau fluide froid ,
ce qui produit un refroidissement très-
promt. Nous découvrons ici , pour
le dire en passant, la raison physique
de la méthode qu'on emploie pour
durcir le fer. Pour cela , quand il est
bien rouge & sur le point de se fondre,
on l'agite subitement dans de l'Eau
très-froide, de façon qu'il se refroidis-
se entiérement en un moment : par là
les élémens du Fer qui ont été fort

Il y a trois causes du re-froidissement.

relachés & amollis par l'action du Feu,
sont intimément réunis, condensés &
comprimés les uns contre les autres
par le froid subit qui leur est appliqué de tout côté ; cela fait qu'après
ce refroidissement toutes les parties
sont étroitement serrées entr'elles, &
qu'elles deviennent très-dures, mais
en même tems très-fragiles.

COROLLAIRE II.

Pourquoi les fluides denses détruisent plus promptement la chaleur.

Mais pourquoi arrive-t-il qu'un
fluide dense refroidit plus promtement
qu'un autre un Corps chaud qui y est
plongé ? Ce n'est pas la différence du
froid qui en est cause ; car les uns &
les autres de ces fluides ont un dégré
égal de froideur. Est-ce donc que la
masse d'un fluide froid attire plus de
Feu de ce Corps chaud, à proportion
qu'elle est plus dense ? Pour décider
cette question, il faut encore avoir
recours aux expériences. Prenez pour
cela deux quantités égales d'une même liqueur, de vinaigre, par exemple, d'alcohol, d'eau ou d'huile, &
donnez-leur différens dégrés de chaleur ; versez les ensuite promtement

dans un même vase, & les mêlez bien ensemble ; ce mélange aura un dégré de chaleur qui sera égal à la moitié de l'excès de chaleur de la plus chaude portion, & de plus au dégré de chaleur de la moins chaude. Ainsi si vous mêlez une pinte d'eau bouillante, qui a 212 dégrés de chaleur, avec une pinte d'eau froide à 32 dégrés, ce mélange aura une chaleur de 122 dégrés, c'est-à-dire, de la moitié de 180 (nombre qui désignoit la différence entre 212 & 32) ajoutée à 32, chaleur de la moins chaude *. D'où il

*J'ai été obligé de m'écarter ici de l'original, qui dit que le mélange dont il s'agit aura un dégré de chaleur égal à la moitié de l'excès de la chaleur de la plus chaude portion : qu'ainsi dans l'exemple rapporté le mélange aura une chaleur de 90 dégrés, c'est-à-dire, de la moitié de 180, nombre qui désigne la différence entre 212 & 32. Après quoi l'Auteur ajoute qu'il n'est pas aisé d'expliquer comment il se fait que le dégré commun de chaleur se perd, & que la différence se répand ensuite également dans les deux masses. Mais ici M. Boerhaave n'aura pas bien compris la pensée de M. Fahrenheit qui avoit fait cette expérience pour lui ; car si le résultat en étoit tel qu'il le rapporte, il s'en suivroit que de l'eau chaude de 210 dégrés,

paroît que la diſtribution du Feu eſt ici en proportion de la maſſe ; & que par conséquent quand deux Corps de même nature, dont l'un eſt chaud & l'autre froid ſont mêlés enſemble, le Feu ſe dégage d'abord des élémens du premier pour paſſer dans ceux du ſecond, juſqu'à ce qu'ils ſoient parvenus tous les deux au même dégré de chaleur : cela a conſtamment lieu.

mêlée en égale quantité avec une autre qui auroit 212 dégrés de chaleur, produiroit une chaleur d'un dégré : l'on comprend aiſément que ce n'a jamais été là le ſentiment de M. Fahrenheit, comme lui-même s'en eſt expliqué avec M. le Profeſſeur GAUBIUS, qui a eu la bonté de me faire remarquer la faute qui s'étoit gliſſée dans le Texte. Pour m'en convaincre d'autant mieux, j'ai réiteré l'experience pluſieurs fois, & j'ai conſtamment trouvé que la communication de chaleur ſe faiſoit ſuivant la Loi que j'ai ſubſtituée à celle de l'original, & ſans qu'il ſe perdit rien du dégré commun de chaleur. Cette même Loi me paroît avoit lieu auſſi dans le mélange du Mercure avec l'eau ; quoi qu'il ſoit plus difficile de s'en aſſurer, parce que ces deux liqueurs reſtant toujours ſéparées l'une de l'autre, la chaleur ne ſe diſperſe également dans toutes les deux, lors même qu'on les agite, qu'après un tems aſſez long, & alors elle eſt diſſipée en partie.

Si l'on prend du vif argent & de l'eau,
en mesures précisément égales , mais
de différente chaleur, & qu'on les mêle de même promptement, la chaleur
qui résultera de ce mélange sera un
peu differente de celle dont je viens
de parler.

Car si l'eau, en même volume que
le Mercure, est plus chaude, la chaleur du mélange surpasse toujours celle qui a lieu dans l'exemple précédent. Mais si au contraire c'est le vif-
argent qui est plus chaud que l'eau ,
la chaleur du mélange est moindre ; &
l'on trouve toujours que cette diversité est la même qu'elle seroit si dans
le premier cas on avoit mêlé trois parties d'eau froide avec deux d'eau chaude. Or quand onprend trois volumes
égaux de Mercure , & deux semblables volumes d'eau , alors il n'importe
pas si c'est le mercure que l'on échauffe ou l'eau ; il resulte de leur mélange
un dégre de chaleur égal à la moitié
de la difference de celle qu'avoient ces
deux fluides lorsqu'ils étoient séparés,
ajoutée à leur dégré commun de chaleur comme nous avons vu que cela
arrive quand on mêle deux quantités
égales d'eau.

Différence observée à cet égard.

Le Feu est distribué dans les Corps en proportion de leur volume.

Dans cette expérience nous découvrons une Loi de la Nature qui est très-remarquable ; c’est que le Feu est distribué dans les Corps, non en proportion de leur densité, mais de la même maniere qu’il l’est dans l’espace. Car quoique le poids du Mercure, dans le dernier cas, soit à celui de l’eau environ comme 20 à 1, cependant la chaleur qui se produit se trouve égale à celle qui a lieu quand on mêle deux égales quantité d’eau. Mais cela même est encore confirmé par plusieurs autres Expériences ; je l’ai déja remarqué ci-devant, lorsque j’ai dit que l’expérience m’avoit appris que toutes sortes de Corps, exposés assez long-tems à une chaleur égale, acquierent précisément le même dégré de chaleur & de Feu sans aucune difference, excepté celle qui résulte de l’espace qu’ils occupent. Ainsi on n’observe pas qu’il y ait quelque chose dans les Corps qui attire le Feu, quoique une densité plus grande les rende capables de retenir plus long-tems le Feu qu’ils ont une fois acquis. Quelle est donc la cause qui fait que le Feu abandonne le Corps où il est

pour paſſer dans un autre plus peſant,
beaucoup plus vîte que pour paſſer
dans l'eſpace, qui eſt quelque choſe
de ſi léger & de ſi ſubtil, & où il ſemble qu'il pourroit pénétrer avec bien
plus de facilité? Au reſte je dois remarquer ici que je ſuis redevable des
expériences que je viens d'indiquer à
M. Fahrenheit, qui a bien voulu les
faire pour moi.

C O R O L L A I R E 12.

Nous concluons encore de ce qui
a été dit, que plus le volume d'un
Corps eſt grand, plus long-tems ce
Corps retiendra la Chaleur qu'il aura *Les plus grands Corps ſont ceux qui retiennent le plus lo g-tems la chaleur.*
une fois, ſi toutes les autres circonſ-
tances reſtent les mêmes: car la denſité de la ſurface extérieure met toujours un obſtacle à la ſortie du Feu,
qui tâche de ſe dégager de la ſeconde
couche de matiere où il eſt renfermé.
Cette ſeconde couche retient le Feu
de la troiſiéme, celle-ci retient le Feu
de la quatriéme; & ainſi de ſuite: par
conſéquent les parties d'un Corps
échauffé dans toute ſa maſſe conſer-
vent plus long-tems leur chaleur à

mesure qu'elles sont plus intérieures.
Et comme le volume d'un Corps est
toujours susceptible d'un plus grand
accroissement, il pourra enfin devenir si grand, que la chaleur qui lui aura été une fois communiquée y reste-
ra-très-long-tems.

COROLLAIRE 13.

De même que ceux dont la superficie a le moins d'é-tendue.

Il est démontré en Géométrie, que,
toutes choses restant d'ailleurs égales,
plus les Corps deviennent grands,
moins leur superficie a d'étendue à
proportion de leur solidité. Si nous
y faisons attention nous verrons d'a-
bord que c'est-là une nouvelle cause
qui fait que les grands Corps retiennent long-tems la chaleur qu'ils ont
acquise ; & que par conséquent il suit
de cette Loi, que plus un Corps a de
matiere solide sous une moindre superficie, plus long-tems aussi il retient
son Feu, en comparaison d'autres
Corps.

De même par conséquent que les Corps sphériques.

Mais les Géomètres nous démontrent encore qu'une masse de matiere,
restant la même à tous les autres
égards, ne sçauroit être renfermée

fous une moindre superficie , que
quand elle acquiert la figure d'une
boule. Par conséquent les Corps qui
ont cette figure font ceux qui retiennent le plus long-tems la chaleur ,
tant à cause du peu d'étendue qu'a
leur superficie , en comparaison de
leur maffe , qu'à cause de l'arrangement égal de toutes leurs parties autour du centre,& de leur diftance uniforme de la fuperficie. Une très-grande boule, une fois échauffée , conferve donc fort long - tems fa chaleur.
C'eft peut-être là une des raifons de
la figure fphérique du Soleil & des
Etoiles fixes.

COROLLAIRE 14.

Lorfqu'un Corps eft divifé en plufieurs parties , fans fouffrir aucune
altération , fa furface acquiert plus
d'étendue, quoiqu'il conferve fa même quantité de matiere ; par conféquent auffi il fe refroidit toujours alors
plus promtement. Un cube partagé
en deux parallèlepipèdes égaux , à $\frac{1}{7}$
de furface plus qu'auparavant. Une
Sphére divifée en deux hémifphères

Les Corps divifé en plu-fieurs parties fe refroidiffent plus vîte.

à d'abord sa surface augmentée de l'Aire de deux grands cercles, c'est-à-dire, de la moitié de sa premiere étendue. Aussi ces Corps se refroidissent-ils beaucoup plus vîte. La division d'un Corps échauffé en plusieurs parties, & le changement de sa figure sphérique en une figure platte, sont donc deux causes qui hâtent considérablement son refroidissement; parce que par-là on fait qu'il touche par beaucoup plus d'endroits les Corps froids qui l'environnent. Une pinte d'eau bouillante, réduite à une figure sphérique, conservera très-long-rems sa chaleur, au lieu qu'elle la perdra d'abord si on la répand sur une grande plaque de Fer froid.

C O R O L L A I R E 15.

Diversité de chaleur dans le corps humain.

Tout cela, bien examiné, nous met en état de découvrir plus aisément la raison de la longue durée de la chaleur dans d'autres cas. Il y a long-tems qu'on a remarqué que les hommes, dont le corps est ferme, dur, robuste, exercé par le travail, & dont les humeurs sont épaisses & pesantes,

ont toujours beaucoup plus de chaleur
que les autres, & le refroidiffent plus
lentement. On a donné de cela plufieurs raifons différentes ; mais il paroît clairement, par tout ce qui a été
dit, que ces Corps, par la forte application de leurs parties folides fur leurs
fluides condenfés par cette compreffion, doivent renfermer plus de Feu, &
le conferver plus long-tems. On a auffi
obfervé que les cadavres, privés de
la chaleur vitale, fe refroidiffent très-
lentement dans l'intérieur, mais très-
vîte extérieurément. La caufe de cela
eft évidente par ce qui a été dit, &
il n'eft pas néceffaire de fuppofer un
Feu vital dans les inteftins pour rendre raifon de ce Phénomème. Au
contraire les Corps lâches, mols, pa-
reffeux, foibles, ne font jamais en
état de communiquer autant de Feu
à leurs humeurs aqueufes, parce que
dans ces Corps toutes les parties fouf-
frent moins de frottement, font moins
condenfées, & acquierent par leur relâchement de plus larges furfaces, &
par là même font à peine en état de
retenir quelque tems la chaleur qui
leur eft communiquée. Ainfi l'on voit

par là quelles font les maladies, que nous avons à craindre, lorfque nos Corps panchent vers l'une ou l'autre de ces deux extrémités de condenfation ou de relâchement, & quels font les remedes dont on peut efperer à cet égard un heureux fuccès. Tant il eft vrai que la matiere que nous traitons eft d'un ufage fort étendu.

C O R O L L A I R E 16.

Où réfide la plus grande chaleur dans le corps humain ?

Puifque je fuis fur ce fujet, je ne fçaurois m'empêcher de faire ufage de cette doctrine du refroidiffement des Corps pour réfoudre une queftion, qui a fi fort exercé l'habileté des Chymiftes, des Médecins & des Philofophes ; fçavoir, fi c'eft dans le cœur que le fang humain eft le plus chaud ? Et fi cela eft ainfi, quelle en eft la raifon ? Que de differtations ne trouvonsnous pas là-deffus chez divers Auteurs ! Que d'opinions différentes ! Je vais tâcher d'expliquer la chofe tout fimplement. Le fang qui eft dans les veines eft le plus froid : chacun en convient, ainfi cela n'a pas befoin d'être démontré : il revient des par-

ties qui font les plus éloignées du
cœur, & des parties extérieures qui
font froides ; il eſt mêlé avec les humeurs qui font entrées récemment
dans le Corps, & qui font ordinairement plus froides ; il ſe trouve dans
des vaiſſeaux foibles, larges, lâches
& ſans action ; & c'eſt en paſſant par
de tels vaiſſeaux qu'il entre dans le
ventricule droit du cœur. Ainſi il n'y
a point d'endroit dans le corps, où
par lui-même le ſang veineux doive
être plus froid que dans ce ventricule. Mais comme ce froid dans le cœur
ſeroit trop grand, & pourroit devenir
préjudiciable à la vie, le ſang eſt un
peu rechauffé dans ſa route par la chaleur des artères, qui ſe communique
à tout le corps, & particulierement
aux veines contre leſquelles les artères ſont appliquées. Ce qui n'empêche pas cependant qu'il ne ſoit toujours beaucoup plus froid dans le ventricule droit du cœur que dans les artères. Or le ſang froid étant preſſé &
pouſſé par la contraction du cœur &
par la force de la reſpiration dans les
canaux étroits, élaſtiques & robuſtes
de l'artère pulmonaire, doit néceſſai-

tement paſſer en même-tems dans les
poumons en auſſi grande quantité que
dans tout le reſte du corps. Ainſi ce
même ſang ne ſouffrira nulle part plus
de frottement , & par là même ne
pourra être plus rechauffé , que dans
les poumons. Mais d'un autre côté
cette chaleur ſeroit inſupportable à
l'homme , & même mortelle , ſi l'air
qui entre par la reſpiration dans les
poumons n'étoit toujours beaucoup
plus froid que ce ſang. Il paroît par
les obſervations de Malpighi , que
celui-ci eſt diſtribué dans un très-
grand nombre de fines artères , qui
ſont appliquées de tout côté aux petites veſſicules des poumons,& qu'ainſi il ſe préſente ſur une ſurface extrêmement large à l'action de l'air , qui
ſe renouvelle à chaque moment , &
qui par conſequent eſt toujours froid:
à cet égard donc le ſang n'eſt encore
nulle part plus refroidi que dans nos
poumons. N'eſt-ce pas quelque choſe
de ſurprenant , de voir que là-même
où il falloit , pour des uſages très-né-
ceſſaires , que le ſang fut le plus rechauffé, il ait dû y être refroidi pour
d'autres raiſons auſſi néceſſaires que
les

Quelle eſt la chaleur de l'air que nous reſpirons?

les premieres? Le fang & le nouveau
chyle ne pouvoient pas être pouffés
comme il faut & fans danger de la
vie, dans tous les vaiffeaux du corps,
fi par un très - grand frottement il
n'étoit divifé & réduit en élemens
très - fubtils dans les poumons : or
cela ne pouvoit fe faire fans la production d'une très grande chaleur.
Mais fi tout ce fang eût confervé cette chaleur, fans être refroidi par d'autres caufes, il fe feroit corrompu en
très peu de tems, & auroit produit
des maladies putrides, qui auroient
bientôt mis fin à la vie de l'homme.
J'avois remarqué que dans les étuves
des Sucreries, où les Rafineurs font
fécher fubitement les pains de fucre,
l'air eft fi fec & fi chaud que je ne
pouvois pas le fupporter pendant un
inftant, fans courir rifque d'être fuf-
foqué au moment même. Je crus avoir
trouvé là une occafion commode d'e-
xaminer quel eft le dégré de chaleur
que les animaux peuvent fupporter.
Mais comme la multitude de mes occupations ne me laiffe pas le tems
néceffaire pour toutes les expériences que j'aurois fouhaité de faire à

cet égard, je priai l'induſtrieux Fahrenheit, dont j'ai déja eu occaſion de parler ſi ſouvent, & M. Jodocus Provoſt, mon parent & mon ami, de vouloir bien faire pour moi ces Expériences de la maniere que je leur indiquerois, & de m'en rendre enſuite un compte exact. C'eſt ce qu'ils ont fait l'un & l'autre avec toute la fidélité poſſible. Je vais inſérer ici la relation qu'ils mont envoyée; & après qu'on l'aura lue, peut-être ſera-t'on obligé de convenir avec moi qu'il ſeroit difficile de faire d'autres expériences plus propres à nous faire connoître les effets de la chaleur de l'air ſur les corps, ſur les humeurs & ſur les différentes parties des animaux; & peut-être auſſi aucune expérience ne pourra-t'elle être plus utile à la Chymie.

Effets ſurprenans de la chaleur de l'air.

L'Etuve de la Sucrerie étoit ſi fort échauffée, qu'un Thermométre de mercure fort exact, après y avoir été aſſez long-tems, étoit monté au 146 dégré. Alors on y mit à 6 heures du ſoir un moineau renfermé dans une cage. Environ au bout d'une minute, le moineau, le bec ouvert, reſpiroit déja avec beaucoup de peine & d'ef-

fort : à chaque moment fa refpiration
devenoit plus fréquente, & fes forces diminuoient confidérablement ,
jufqu'à ce que ne pouvant plus fe tenir fur le bâton où il étoit perché, il
defcendit au fond de la cage : là refpirant avec de très grands efforts &
fort vîte , il mourut dans l'efpace de
fept minutes. On avoit mis en même
tems dans cette étuve un chien, qui
après y avoir été fept minutes, faifoit
affez connoître combien cette grande chaleur lui étoit incommode, en
ouvrant la gueule, en tirant la langue & en refpirant très vîte. Cependant il reftoit tranquille dans le pa-
nier où il étoit renfermé. A peu près
au bout d'un quart d'heure , il refpi-
roit avec bruit & avec beaucoup de
peine, & il faifoit des efforts furprenans pour fortir. Peu de tems après
les forces lui manquerent, fa refpiration commença à devenir de plus en
plus lente ; chaque infpiration & chaque exfpiration duroit long - tems,
quoique faite encore avec affez de
force. Enfin fa refpiration devint fi
languiffante, que peu de tems avant fa
mort on ne pouvoit plus l'entendre.

Pendant tout ce tems il avoit rendu
une grande quantité de falive rougea-
tre,& fi puante qu'aucun des affiftans
ne pouvoit en fupporter l'odeur ; &
cette puanteur fubite étoit fi maligne
qu'un de ceux qui faifoient l'expérience, s'étant approché de trop près,
en fut tellement faifi en un inftant
qu'il tomba prefque en défaillance,
& qu'il fallut le faire revenir à l'aide
d'une liqueur qui étoit une teinture
de myrrhe faite avec de l'efprit-de-
vin. Cet accident fut caufe qu'il ne
put pas mettre un Thermometre dans
la bouche du Chien qui venoit de
mourir : mais l'y ayant mis peu de
tems après être revenu à lui, il vit
que le mercure fe fixa au 110 dégré.
Malgré cette grande chaleur, & tous
les efforts que ce chien avoit faits, il
ne paroiffoit fur cet animal aucune
marque de fueur. Ce chien pefoit dix
livres. Pendant qu'on faifoit ces expériences fur ces deux animaux, on
plaça en même tems dans cette étuve
un chat renfermé dans une cage de
bois. Après y avoit été une minute,
il commença à s'étendre fur le fond
de fa cage, à être éfoufflé, & un quart

d'heure après il respira avec une espéce de sifflement ; ensuite il fit aussi de
très grands efforts pour s'enfuir ; &
enfin il mourut après avoir passé par
les mêmes souffrances que le chien ;
avec cette difference pourtant, qu'il
étoit mouillé de sueur, comme si on
venoit de le tirer de l'eau, & qu'il ne
puoit pas comme le chien.

Ces expériences nous font voir
comment un air plus chaud de 48 dégrés que le sang qui est dans la bouche d'un enfant sain, peut causer très
promptement une maladie des plus
aigues, accompagnée des plus terribles symptômes & suivie enfin de la
mort. Remarquons de plus ici le surprenant changement de toutes les humeurs, qui ont donné des marques si
sensibles de la plus insupportable putréfaction. Il n'y a certainement pas
dans le monde une puanteur plus à
craindre que celle-là : elle étoit plus
insupportable qu'aucune odeur cada-
véreuse, quoiqu'elle ne fît que de naître, & qu'elle exhalât d'un animal qui
un moment auparavant se portoit
bien ; puisque par sa seule qualité con-
tagieuse elle a jetté dans un aussi émi-

nent péril de la vie un homme fort &
endurci par le travail. Il faut auſſi que
les humeurs ayent été bien réſoutes,
& rendues différentes de ce qu'elles
étoient dans leur etat naturel , pour
qu'en ſi peu de tems la ſalive ſoit devenue rouge. Mais ce n'eſt pas le Feu
ſeul qui a produit tout cela : car la
chair d'un animal mort , ſuſpendue
dans un endroit auſſi chaud , n'auroit
fait que ſe ſécher ſans ſe convertir en
une ſanie ſi puante. Le mouvement
vital , qui avoit encore lieu dans ces
animaux , produiſant du frottement ,
& par là même de la chaleur & une
tendance à la putréfaction, doit néceſſairement avoir excité une très grande ardeur dans les poumons : & comme rien ne contribuoit à la modérer,
elle doit avoir été beaucoup plus grande dans cette partie de l'animal que
dans l'étuve. Ainſi les huiles , les ſels
& les eſprits de ces animaux ſe ſont
entierement corrompus dans l'eſpace,
peut-être, de 28 minutes. Il n'en a
pas tant fallu au moineau ; il n'a pu vivre dans ce dégré de chaleur que pendant un tems beaucoup plus court.
Lorſque ces étuves ſont échauffées à

ce point, les domeſtiques qui doivent
y entrer pour vaquer à leur ouvrage
n'y reſtent que très peu de tems, &
ils en ſortent d'abord pour ſe rafraî-
chir. Il en eſt de même des fourneaux
où l'on fond le Fer pour le former en
lingots : les ouvriers n'en peuvent
ſoutenir la chaleur que pendant un
moment ; ils ſont obligés de s'en éloi-
gner promptement, & d'aller reſpirer
& ſe repoſer dans un air plus froid,
autrement les forces leur manque-
roient bientôt. Quand l'air eſt échauffé artificiellement juſqu'au dégré de
chaleur qui eſt propre à un homme
ſain, une perſonne poſée dans cet
air ſent bientôt une ſi grande chaleur
& de telles anxiétés, qu'elle ne peut
pas y tenir longtems ; elle eſt obligée
d'employer toutes ſortes de moyens
& d'efforts pour trouver du rafraîchiſ-
ſement, autrement elle tomberoit dans
peu en défaillance. Par conſéquent
donc l'air chaud abat les forces, &
l'air froid les rétablit ; & ſi une trop
grande chaleur n'eſt pas tempérée de
tems en tems par quelque cauſe ra-
fraîchiſſante, elle ne manque pas d'ê-
tre dans peu mortelle aux animaux

O iiij

auſſi bien qu'aux plantes.

De ce qui vient d'être dit, nous en concluons enfin que le ſang qui eſt dans les veines & dans les artères, dans le cœur, dans les poumons, & dans les autres parties du Corps, eſt d'une chaleur aſſez égale : que c'eſt cependant dans les poumons où il eſt le plus échauffé, mais en même tems le plus refroidi, c'eſt-à-dire, que l'action même des poumons le rend temperé.

COROLLAIRE 17.

Les Corps qui retiennent le plus long-tems la chaleur

Plus donc un corps a de denſité, plus ſon volume eſt grand ; plus ſa figure approche d'être parfaitement ſphérique, plus auſſi il eſt propre à conſerver long-tems le Feu qui lui a été communiqué : c'eſt ce que l'expérience confirme tous les jours. Si en même tems un tel corps eſt placé dans un fluide extrêmement rare ou dans un vuide parfait, alors toutes les cauſes phyſiques, connues juſqu'à preſent pour être propres à entretenir la chaleur, conſpireront à conſerver la ſienne.

COROLLAIRE 18.

Cependant tous les Corps qui sont à notre portée, les plus solides, les plus grands, les plus exactement sphériques, quoique pénétrés de Feu, jusqu'à être sur le point de se fondre; tous ces Corps, dis je, lorsqu'ils sont exposés à l'air, parviennent en assez peu de tems à la température de l'Atmosphère qui les environne.

Se refroidissent cependant au bout de quelque tems.

COROLLAIRE 19.

Devons nous donc regarder, avec le fameux NEWTON, la vibration des élémens dont un Corps est formé pour la cause totale & unique qui fait que le Feu demeure dans un Corps échauffé? Il est vrai que dans une grosse cloche, frappée d'un seul coup & en un seul endroit avec un battant d'un métal élastique, les ondulations sonores durent pendant quelques secondes, & que même les tremblemens continuent plus long-tems, quoique nous ne les entendions pas, comme on peut s'en convaincre en répandant du sable sur la cloche. Mais dans tout autre cas

La vibration contribue t'elle à entretenir la chaleur.

O v

nous remarquons que ces vibrations
des Corps élaſtiques finiſſent bientôt.

E X P É R I E N C E XXI.

Plus les Corps, ſoit fluides, ſoit
ſolides, ont de denſité, plus il leur
faut de tems pour être également
échauffés par le même dégré de Feu.

Les Corps denſes ſont plus lent à s'é-chauffer. Ayez un vaſe de cuivre creux, de
la figure d'un parallèlepipède ouvert
par en haut, & rempli d'eau : placez
dans ce vaſe quelques vaiſſeaux de
verre, cylindriques, égaux & remplis juſqu'à la même hauteur de fluides
qui différent en gravité ſpécifique :
allumez enſuite du Feu deſſous le vaſe de cuivre, pour que l'eau qu'il contient étant dans un mouvement continuel, s'échauffe d'une maniere uniforme : alors vous verrez clairement
que le fluide le plus léger, & par conſequent celui qui eſt le plus rare, ſe dilate très-promptement, & que celui
qui eſt plus denſe ſe dilate beaucoup plus lentement ; vous pourrez
vous en convaincre auſſi en mettant
des Thermomètres dans ces fluides.

L'Air eft de tous les Corps celui qui s'échauffe le plus promptement ; enfuite l'Alcohol, le Petrole bien liquide, l'huile de Térebenthine, l'eau pure, l'eau falée, une forte leffive, les métaux, le mercure, l'or.

COROLLAIRE I.

Ainfi la matiere dont les Corps font formés admet difficilement le Feu, & s'en fépare de même avec quelque peine : par conféquent le Corps, comme Corps, retient fa température, & ne fouffre pas fans réfiftance qu'elle foit changée.

EXPÉRIENCE XXII.

Plus les Corps font gros, toutes chofes d'ailleurs égales, plus lentement ils s'échauffent par le même dégré de Feu ; & ils s'échauffent au contraire plus vîte à porportion qu'ils font plus petits. Cela eft fi connu par toutes fortes d'expériences très-communes, qu'on peut le regarder comme un axiome phyfique.

E X P É R I E N C E   XXIII.

Quels font les Corps qui s'échauffent le plus? difficilement?

Plus les Corps ont en même tems de denſité & de volume, & plus leur figure approche de la ſphérique, ou de la figure qui contient le plus de maſſe ſous une moindre ſuperficie, plus ils demandent de Feu, & de Feu continué pendant long‑tems, pour parvenir au plus haut dégré de chaleur dont ils ſont ſuſceptibles. Car ayez une livre de Fer coulé en une plaque mince & parallèlepipèdique, & une autre qui ait la forme d'une boule ; plongez‑les toutes deux dans de l'eau bouillante: la plaque contractera d'abord une chaleur égale à celle de l'eau, & la boule ne l'acquerera que lentement. Juſqu'à préſent donc il ſemble que la ſurface détermine le tems dans lequel un Corps s'échauffe ou ſe refroidit.

E X P É R I E N C E   XXIV.

Il n'y a aucun Corps qui par lui même ſoit plus chaud que tout autre.

Parmi tous les Corps connus & examinés juſqu'à préſent, il n'en eſt aucun qui ſoit, par lui‑même, plus chaud que tous les autres. On eſt parvenu à la découverte de cette propoſition qui ſemble ſi paradoxe, par une induction de différens cas particuliers : car comme cela a déja paru par les expériences que j'ai rapportées, tous ces Corps qui paſſent pour être les plus chauds en eux-mêmes reviennent toujours au même dégré de froid & de chaleur des autres Corps, s'ils ſont expoſés long-tems à un air également tempéré. Le Phoſphore d'urine, par exemple, lorſqu'il eſt dans l'eau, eſt auſſi froid que l'eau qui l'environne, quoiqu'il devienne ſi actif & ſi chaud dès qu'il eſt expoſé à l'air. De même le Phoſphore préparé avec quelque matiere graſſe calcinée, & avec de l'alun, conſerve conſtamment le même dégré de chaleur que la phiole dans laquelle il eſt renfermé, & cependant il s'enflamme d'abord dès que l'air peut s'en approcher librement. L'huile de lin qui conſerve ſa fluidité & ne ſe gêle jamais lorſqu'elle elle eſt expoſée au plus grand froid naturel ne laiſſe pas que d'être alors auſſi froide que la glace la plus froide. L'alcohol le mieux rectifié n'eſt pas

non plus alors plus chaud que le mercure le pluspur. L'efprit de nître, qu'on
dit être un efprit igné, & dont la
préparation eft due à l'induftrie du
fameux Glauber, & l'huile que les
chymiftes tirent par la diftillation du
bois de faffafras, étant contenus dans
des vafes fermés, peuvent avoir féparément un dégré de froideur égal à
celui de la glace la plus froide ; mais
dès qu'on les mèle, il en fort un Feu
très-violent. Un morceau d'acier, &
un Caillou, tous deux très-froids,
par une percuffion d'un inftant produifent le Feu le plus violent, & cela
dans un tems très-froid. Cela eft fi
univerfellement vrai, que de tous les
Corps qu'on a examinés jufqu'à préfent, on n'en connoît aucun qui par
lui même ait plus de penchant pour
la chaleur que pour le froid, ni aucun qui foit naturellement plus chaud
que les autres. Cependant le préjugé
en faveur de l'opinion contraire eft fi
généralement répandu, que l'on croit
communément que du moins les corps
des animaux reftent toujours plus
chauds que les autres. Je conviens
que cela eft vrai, fi l'on parle des ani-

maux vivans, dans le Corps desquels il y a un frottement continuel , qui rassemble du Feu & produit de la chaleur : mais si l'on examine le Corps d'un homme noyé, dans le tems qu'il jouissoit d'une parfaite santé, & qui reste le même à tous égards, excepté qu'il n'y a plus chez lui de mouvement ni de frottement vital, l'on trouve que ce cadavre a le même dégré de froid que l'eau dans laquelle il est. On dira peut-être que l'on a une preuve du contraire, en ce que l'on remarque souvent beaucoup de chaleur dans des Corps morts. J'avoue que le fait est vrai. Donc, ajoutera-t'on, il y a des Corps d'animaux, qui nourrissent & qui entretiennent la chaleur dans leur intérieur, même après la mort. Je ne le nie pas : mais que l'on fasse seulement avec moi cette réflexion ; c'est qu'alors ces Corps se pourrissent, & que la putréfaction excite chez eux un mouvement continuel & assez violent pour y produire un frottement capable de leur communiquer un nouveau Feu, qui ne leur est pas naturel. Qu'on humecte intérieurement un tas de foin froid

bien preffé, il en naîtra une très grande chaleur qui fe manifefte quelques
fois par de la flamme. La fermentation, la putréfaction, l'efferveſcence,
& le mélange de divers Corps, produifent fouvent une très-grande chaleur, comme je le ferai voir dans la
fuite en traitant plus particulierement
de cette matiere. C'eft ce que je n'ai
jamais prétendu nier ; mais ces mouvemens ne furviennent jamais dans
un Corps fimple, & auquel il ne fe
joint rien d'étranger ; par conféquent
ils ne font propres ou naturels à aucun Corps. Chacun peut à préfent
réfoudre par lui-même, toutes les autres objections de cette efpece qu'on
pourra faire contre ce que j'ai avancé.

C O R O L L A I R E I.

Eft-ce donc qu'un Corps denfe reçoit en foi une plus grande quantité de
fubftance ignée, à mefure que par dégrés il s'échauffe de plus en plus ?
Cette augmentation de chaleur eft-elle
due à celle du Feu auquel ce Corps eft
expofé ? Où, eft-ce que l'application
continuée du même Feu, eft une au-

tre caufe qui produit dans ce Corps cette augmentation fucceſſive de chaleur?

COROLLAIRE 2.

Eſt-ce que le Feu même, qui a employé beaucoup de tems à s'infinuer dans un Corps & qui y eſt entré en grande quantité, eſt la caufe phyſique qui fait que la chaleur y eſt retenue long-tems?

COROLLAIRE 3.

Ou plutôt ne faut-il pas chercher cette caufe dans la maſſe corporelle échauffée & dans le Feu qui lui a déja été communiqué, & dont les forces confpirent & fe réuniſſent pour cet effet?

SCHOLIE.

Jufques ici j'ai tâché d'expliquer par un petit nombre d'Expériences fimples, ce que j'ai pu découvrir de vrai fur la nature de ce Feu que les Philofophes appellent Feu élémen-

taire. Je l'ai d'abord confidéré en-
tant qu'il exifte féparément, & hors
de tout autre Corps ; enfuite en tant
qu'il réfide dans les Corps, qu'il y
demeure pur, fans en tirer aucune
nourriture, & qu'il eft déterminé à
fe mouvoir fuivant des lignes parallèles ou convergentes ; enfin en-
tant qu'il eft raffemblé dans les Corps
fimplement par le mouvement & par
le frottement. J'ai travaillé à faire
connoître ce Feu, avant que de paffer à l'examen de celui qui eft entretenu par ce qu'on appelle matiere
combuftible, & qui eft d'une nature
toute différente du premier, dont il
differe auffi beaucoup par fes effets.
Il eft réfulté nombre d'erreurs en
Chymie, parce que les Ouvriers
n'ont pas diftingué affez fcrupuleufement ces deux efpéces d'êtres,
qu'ils ont appellé du nom commun
de Feu. Paffons donc à préfent à
l'examen de ce Feu commun, que
bien des gens regardent comme le
feul véritable Feu : Mais qu'il me
foit permis de rapporter ici auparavant quelques obfervations que l'on
pourra comprendre aifément après

ce qui a été dit jusqu'à présent : par là je completterai autant qu'il me sera possible l'histoire du Feu, à laquelle ces observations appartiennent, & en même tems je ferai l'honneur aux Inventeurs de leurs propres découvertes.

Une verge de fer de la longueur d'un pied, rougie au Feu, est devenue plus longue de $\frac{1}{60}$. Un Cylindre de verre, long d'une palme, aussi rougi au Feu, a gagné $\frac{1}{50}$ en longueur. Voyez *Sturm. Coll. part. II. pag.* 101. Un anneau de métal échauffé de même a eu son diamètre augmenté de $\frac{9}{100}$ *Saggi di Natur. Sperienz. p.* 182. La Capacité d'un globe de verre est augmentée de $\frac{1}{1000}$ par la seule chaleur de la main. *Amontons, Mem. de l'Académie Royale,* 1704. *p.* 12. 1705. *p.* 4. Un Thermomètre, plongé dans une liqueur chaude, descend dans le premier instant, & il remonte d'abord : si au contraire on le plonge dans une liqueur froide, il monte d'abord, & bientôt ensuite il descend. *Saggi di Nat. Sper. p.* 178. 181. Et l'on prouve par plusieurs raisons que cela dépend de la dilatation ou de la contraction du Verre, qui a lieu avant que la liqueur du Thermomètre ait le tems d'être affectée. *ibid.* Lorsqu'on échauffe des liqueurs, il semble que la chaleur ne les dilate pas uniformément, mais par sauts. *Hàlley. Transf. abr. T. II. p. 34.* Le Mercure enfermé dans une phiole de verre, & plongé dans de l'eau qu'on fait échauffer insensiblement sur le Feu, se dilate uniformément ; mais dès que l'eau bout, il s'arrête & ne se dilate plus quoiqu'on augmente le Feu. Par conséquent le Mercure est le fluide le plus propre à faire de bons Thermomètres. *Id. ibid.* Ces différentes expériences méritent d'être bien examinées ; les unes peuvent servir à éclaircir ou à corriger les autres. En voici encore deux qu'il ne faut pas oublier. Ayez deux verges de métal qui soient d'un poid égal lorsqu'elles sont froides ; si vous en échauffez une, & que vous la suspendiez à une balance, elle se trouvera alors plus légere que la froide. Si vous placez quelques charbons ardens dessous cette derniere, l'équilibre se rétablira. Si deux verges de métal font dans un parfait équilibre, en mettant un charbon ardent fur l'une des deux, elle deviendra plus légere, & fi vous en mettez un def-fous l'autre, cette derniere deviendra plus pefante. *Saggi di Nat. Sper. pag. 256.*

Fin de la premiere Partie.

www.ingramcontent.com/pod-product-compliance
Lightning Source LLC
Chambersburg PA
CBHW051520060726
47597CB00001B/134